大师的菜
家常的味

《大师的菜》栏目组◎著

北京科学技术出版社

《大师的菜》栏目组工作人员

主编：李琨　邓雪芹
美食顾问：童逊
素材整理：景恒、曾毅、王凯

序

中华饮食文化源远流长,中国菜博大精深,其内容之丰富、选料之宽泛、烹饪之考究、口味之鲜明,堪称世界饮食典范。

在中华美食的历史传承中,一代接一代的厨人博采众长、兼收并蓄,就地取材、因时而烹、调和五味,形成了各具特色的饮食风味和美食符号。

《大师的菜》栏目紧扣传统饮食文化发展的脉搏,汲取中国烹饪文化的深厚底蕴,记录和展现了传统烹饪和饮食习惯,原汁原味地还原了经典菜肴与烹调技艺。它用一道道经典的菜品让我们品味历史、记住乡愁,记住那一位位长年工作在厨房灶头的厨师工匠们。

"民以食为天",厨师是七十二行中不可或缺的一行。人生的职业有许多选择,无论出于什么原因,选择厨师这份职业,就是选择了一种辛苦的生活。兢兢业业地从事烹饪行业并把那份自豪感、荣誉感、成就感融入精湛厨艺的厨师们,平凡而伟大,质朴而灵慧。全社会有足够的理由为这群有职业道德、有高超技艺的美食艺术家们鼓掌,并送上我们深深的感恩与关爱。

《大师的菜》栏目从千千万万的菜品中撷取一个个经典,制作这些菜品的厨师有的来自高档会所、星级宾馆,有的来自乡野家厨、街边小店，还有的来自美食非物质文化遗产工坊。每一位大师都热爱自己的工作，每一位入镜者都心灵手巧。他们孜孜不倦地挖掘本土味道，烹制上品佳肴，用自己的美食作品与世界对话。他们用数十年烟熏火燎的岁月，用菜品、技艺、汗水、坚守，书写出色、香、味、形俱全的丰满人生，为中国的饮食文化，增添了独特的美味佳韵。

同样，有这样一群烹饪"门外汉"——也是一群年轻的"吃货"，用独特的方式向经典致敬，向大师致敬。他们义无反顾地扛起摄像机，走在记录精彩、记载技艺、留住传统、传播美味的道路上。

短短一年多的时间，《大师的菜》制作播出了闪耀着大厨们的智慧火花的近200期节目。这是摄制组的年轻人用汗水与心血为我们捧上的文化大餐、美食大餐，更为后来的厨人树立了不可多得的样板、标杆。他们让默默无闻的烹饪大师走到前台，走进公众的视野，让我们更加直观地了解厨师的艰辛不易与心路历程，也让我们更加敬重为百姓生活添滋加味的厨师们。

——我对天下大厨心存感激！

——我对《大师的菜》摄制组心存感激！

——我对在图书出版过程中付出心血的编辑们心存感激！

——我对所有给予餐饮人理解与关怀的朋友们心存感激！

是为序。

中国最美厨师、四川幺麻子公司董事长
赵跃军
2019年7月30日

自序

这是一个崇尚"新"和"快"的时代。

不知道从什么时候开始,最流行的词汇变成了"创新""迭代""赋能",除夕的传统从看春晚变成了看跨年演讲,大家不断被打上新时代的标签,就连身边那看似老古董的同学小黑,朋友圈的签名也一夜之间变成了"这个世界唯一不变的,只有变化"。此时此刻,一切传统的东西突然显得陈旧和苍白,就好像家里的胶片相机上那层厚厚的灰尘。

写这些内容,我们无意抨击任何的创新,毕竟那是发展的核心驱动力。我们只是为经典感到惋惜。留住经典,是我们创办《大师的菜》的主要目的。

两年前,我们还在一家电视台做美食节目。我们发现了一个有趣的现象——早先,随便去一个餐馆,大师傅的回锅肉都炒得很香。可是到了 2017 年,突然有个大师傅对我们说:"现在都吃小龙虾了,谁还学炒回锅肉?"

三分玩笑,十分扎心。

不知道从什么时候开始,小龙虾变身为餐饮界流量最大的"大 V",油焖、爆炒、蒜蓉,总有你喜欢的那一款。然而,和互联网上的流量霸主一样，它在让大家感到畅快的同时却不断侵蚀着我们传统的餐饮文化。在如今满街都是小龙虾的时代，传统美食的烹饪技艺正在逐渐丢失。

我们相信，网红永远不是演员，流量也难以取代经典。每个人，终究是有所怀念和依恋的，每个行业也终究应该有所传承和记忆。

怀着这样的信念，我们开始创办《大师的菜》。

我们开始做一切看起来很"旧"的工作：扛着笨重的摄像设备，到许许多多的老餐馆，与多个老师傅交流。我们见到了做百合酥很利索但却说不出话的师傅，见到了戴着老花眼镜雕花的白案师傅九叔。70多岁高龄的他们一边慢慢地做，一边慢慢地说："以后的人，怕是再也不会做了。"

三分调侃，十分叹息。

更加令我们印象深刻的，是做"开水白菜"的任福奎老师傅。他在谈到当下饮食行业的浮躁时，因为情绪激动险些犯了高血压。还有我们的一位同事告诉我们，外婆走了，家里再也没有人会做红烧狮子头了。

总有一群人，在为美食经典技艺的传承而担忧。

为他们做点什么？怎样让传统烹饪技艺走出高冷？怎样让更多人关注和认同那些我们本不应该遗忘的美食经典？

《大师的菜》，抱着跃跃欲试的心态行动了起来。与许多其他的团队不一样的是，我们更加关注传统技艺和经典美食，这是我们的立身之本。

可喜的是，我们得到了大家的积极回应。

历经 24 个月，截至 2019 年 8 月 26 日，《大师的菜》发布了 200 多部原创视频，拥有超过 800 万的粉丝，全网累计播放 9.6 亿次，并被知乎、秒拍、大众点评、新华视点等媒体多次转载。

拿着这份成绩单，我们最骄傲的不只是成功的喜悦，更是因为终于可以告诉我们采访过的大师傅们：大众依然热爱这些美食，经典从未被遗忘。我们用每一个粉丝的关注来告诉他们：美食行业，浮躁当前，却也厚重依然。

今日，《大师的菜》有幸成册，纸墨书香或许更能承载我们的愿望。

这一路，我们很满足！

未来，我们会继续前行！

最后，我们在此特别感谢成都市饮食公司以及全国各地的大师们，在拍摄过程中对我们工作的大力支持和配合！

《大师的菜》节目组

2019 年 8 月 26 日

美食推荐人：曹帅学

成都市万重锦川菜馆行政总厨

美食推荐人：陈 华

绵阳市富临大都会酒店行政总厨

美食推荐人：陈 杰

中华老字号传承人

供职于成都市饮食公司龙抄手总店

美食推荐人：陈四长

淮扬菜烹饪大师

淮扬菜非物质文化遗产传承人薛泉生的弟子

美食推荐人：陈小齐

中国烹饪大师

江苏俺家小院文化发展有限公司行政总厨

美食推荐人：陈 忠

『东坡肘子』非物质文化遗产传承人

美食推荐人：甘大姐
成都市甘记肥肠粉老板

美食推荐人：冯昔贤
『十大南粤厨王』之一
清远厨师协会执行会长

美食推荐人：邓绪鑫
中国烹饪大师
南京市世纪缘集团总厨

美食推荐人：冷洪飞
成都市醉义仙江湖菜馆厨师长

美食推荐人：黄　刚
南京珍宝舫餐饮集团行政总厨
2003年获中国烹饪美食节金奖
2013年荣膺江苏省青年名厨称号

美食推荐人：金院生
眉山市洪雅县德元楼厨师长

美食推荐人：黎云波
川菜烹饪大师
国家高级烹调技师

美食推荐人：李 军
长沙市百家味米粉店老板

美食推荐人：李明成
『赖汤圆』第三代非物质文化遗产 传承人
供职于成都市饮食公司赖汤圆

美食推荐人：李 萍
中式烹调高级技师
湖南百强餐饮企业田趣园创始人

美食推荐人：利永周
国际烹饪艺术大师
师从香港的一代名厨刘以德先生

美食推荐人：廖玉林
成都柏合镇范家豆腐皮老板

美食推荐人：罗小兵

『夫妻肺片』非物质文化遗产传承人

供职于成都市饮食公司夫妻肺片北站店

美食推荐人：罗俊华

中国烹饪大师

美食推荐人：刘俊良

川味传承工作室创始人

美食推荐人：四 妹

成都市四妹钵钵鸡店主

美食推荐人：任福奎

第一批川菜特一级厨师

曾任奥地利四川饭店厨师长和美国纽约四川饭店厨师长

美食推荐人：欧锦和

亚洲十大名厨之一

中国饭店协会名厨委副主席

美食推荐人：田小辉

2015年成都市百万职工技能大赛中餐红案冠军

美食推荐人：童 逊

中式烹调高级技师
中国烹饪大师
亚洲美食文化推广大使

美食推荐人：汪林才

『陈麻婆豆腐』第八代非物质文化遗产传承人
供职于成都市饮食公司陈麻婆豆腐旗舰店

美食推荐人：王世杰

黔菜大师
中国烹饪大师
中国国际厨师协会副会长

美食推荐人：王小华

广汉金丝面第五代传承人

美食推荐人：王永健

淮扬菜特级厨师
南京紫金山庄国宾馆行政总厨

v

美食推荐人：吴保军
黔菜大师

美食推荐人：吴国勇
淮扬菜烹饪大师
淮扬菜非物质文化遗产传承人薛泉生的弟子

美食推荐人：夏小虎
湘菜大师
现供职于毛家饭店发展有限公司

美食推荐人：熊江黎
中国烹饪名师
中国特级烹调师

美食推荐人：杨和平
黔菜大师

美食推荐人：杨 军
淮扬菜烹饪大师
淮扬菜非物质文化遗产继承人薛泉生弟子

美食推荐人：余天亮

成都市旮旮老院坝老板

美食推荐人：曾　毅

成都市冒牌火锅菜创始人

美食推荐人：曾才东

四川省蜀荟食品有限公司董事长

美食推荐人：张贵荣

成都市饮食公司龙抄手总店白案总顾问

美食推荐人：张　云

中华老字号传承人

供职于成都市饮食公司夫妻肺片北站店

美食推荐人：赵朝仙

苗寨人

在苗寨生活了一辈子

美食推荐人：赵 麒

藤椒油焖制工艺第十九代传承人

美食推荐人：赵立立

中华老字号继承人

供职于成都市饮食公司夫妻肺片

美食推荐人：赵惠忠

中华老字号传承人

供职于成都市饮食公司带江草堂

美食推荐人：周华省

中华老字号传承人

供职于成都市饮食公司耗子洞樟茶鸭

美食推荐人：周慧贞

顺德周大娘牛乳第四代传承人

目 录

舌尖上的『非遗』流传百年的老味道

剁椒鱼头	002	麻婆豆腐	020
夫妻肺片	007	邹鲢鱼	024
来凤鱼	010	东坡肘子	026
赖汤圆	013	藤椒油	029
龙抄手	016	樟茶鸭	032

太白酱肉	036	松鼠鳜鱼	084
干烧鱼	040	文思豆腐	088
鱼米豆花	044	盐水鸭	092
陈皮牛肉	047	炖生敲	095
冷吃牛肉	051	拆烩鲢鱼头	099
开水白菜	054	蟹粉狮子头	103
宫保鸡丁	058	担担面	107
水煮牛肉	062	蒜泥白肉	111
回锅肉	066	广汉金丝面	116
苗家酸汤鱼	070	淮安软兜	118
辣子鸡	073	冷吃兔	121
毛氏红烧肉	077	豉油鸡	124
八宝葫芦鸭	081	双皮奶	128

I

名扬四海的当家菜

脆哨土豆丁 132	糖醋排骨 157
翠珠鱼花 136	毛血旺 161
大刀烧白 139	鱼香肉丝 164
东山老鹅 143	白切鸡 168
煳辣素鱼 146	干炒牛河 172
花椒鸡丁 150	沸腾鱼 176
老坛酸菜鱼 153	

藏于民间的好味道

缠丝焦饼 180	冒菜 202
柏合豆腐皮 184	绵阳米粉 205
钵钵鸡 188	酥肉 209
川北热凉粉 191	湖南米粉 212
肥肠粉 196	酱油炒饭 215
苦笋烧乌鸡 199	

紧扣传统饮食文化发展的脉搏

汲取中国烹饪文化的深厚底蕴

记录和展现传统烹饪和饮食习惯

原汁原味地还原经典菜肴与烹调技艺

舌尖上的『非遗』

No.1 剁椒鱼头

美食推荐人：李 萍
中式高级烹饪技师
湖南百强餐饮企业田趣园创始人

提起剁椒鱼头，全国甚至全世界的人都知道是湘菜，它甚至成了湖南的名片。在长沙，不管小店大店，都有剁椒鱼头这道菜。火红的剁椒覆在白嫩的鱼头上，热气腾腾，香气扑鼻，色香味俱佳，使人胃口大开。

据说，清代著名学者黄宗宪为躲避文字狱逃到湖南一个小村子，借住在一个农户家中。这家人很穷，买不起菜招待客人。幸好晚饭前农户家的儿子捞了条河鱼回来，于是女主人就在鱼肉里面放盐煮汤，再将辣椒剁碎后与鱼头同蒸。黄宗宪吃了以后觉得非常鲜美，从此对鱼头情有独钟。

剁椒鱼头出锅后,鱼嘴上翘,仰望星空,气势磅礴。

制作剁椒鱼头,剁椒是最为重要的配料,其做法自然极其讲究。制作剁椒一般选用小米椒,这种辣椒比较辣,而且比较鲜。我们需要将小米椒剁成黄豆粒大小,这种大小可以保证辣椒的口感。将辣椒剁碎时一般是手工剁,不能用机器绞,否则会让辣椒失去清香味。剁辣椒的时候要一边剁一边加盐(盐起腌制作用),可参照5斤辣椒、1斤盐的比例来加。

剁好的辣椒要入坛密封。经过1~2个月的发酵,坛子里就会产生坛香味。要注意在坛口加一些水,水里加一些盐,让坛子里的辣椒在密封的情况下更好地发酵,保证发酵好的辣椒口感还是那么脆、那么香。发酵好的辣椒出坛以后加入干豆豉、蒜、姜、胡椒粉和蚝油,拌好以后浇上烧热的油,把辣椒的香味激出来。

说完配料,我们再来说说主料。鱼头要选大湖有机鱼。一般要选5斤以上的鱼,这样才能保证鱼头够大、嫩肉够多。摆盘时鱼腹肉也要放入盘中，因为鱼这个部位的肉比较嫩。摆盘完成以后要加盐腌制一下，让鱼肉有咸味，并在鱼嘴里放入野山椒，增加鲜辣感。然后，将调好的剁椒淋在鱼上，保证鱼的每个部位都与剁椒接触。

剁椒鱼头其实不只使用剁椒。除了上面提到的剁椒和野山椒之外，我们还会用到在老坛中泡了1年左右的泡辣椒，泡辣椒是酸辣味的。剁椒、野山椒和泡辣椒共同起作用，鱼头的酸味、辣味就都有了。

泡辣椒也放好以后，加一点儿蒸鱼豉油、2勺猪油，这样香味就比较浓郁。再加2勺熬制的鱼汤，鱼鲜味就会更浓。然后，将鱼头放入蒸锅，蒸8~10分钟即可。

剁椒鱼头出锅后，鱼嘴上翘，仰望星空，气势磅礴，剁椒的清香和鱼头的鲜味浑然一体，完美地诠释了剁椒鱼头的精髓。

剁好的辣椒入坛腌制。

剁椒鱼头

食 材

主料：鱼 1 条（2500 克以上）

调料：剁椒 120 克／野山椒 50 克／泡辣椒 120 克／干豆豉 15 克／胡椒粉 3 克／姜末 10 克／蒜末 20 克／蚝油 20 克／盐 5 克／猪油 150 克／蒸鱼豉油 50 克／熬制好的鱼汤 150 克

做 法

❶ 剁椒里加入干豆豉、胡椒粉、姜末、蒜末、蚝油，拌好。

❷ 油烧热，浇在拌好的剁椒上。

❸ 鱼去鳞去内脏并洗净后将鱼头切下，鱼腹肉片下，鱼尾也不要丢弃。泡辣椒切碎。

❹ 鱼头切好摆盘，周围摆上鱼腹肉，再摆上鱼尾。

❺ 鱼头和鱼腹肉加盐腌制，鱼嘴中放入野山椒。

❻ 调制好的剁椒铺在鱼上，保证每个部位都与剁椒接触。

❼ 放上泡辣椒，加蒸鱼豉油、猪油、鱼汤。

❽ 将鱼放入蒸锅，蒸 8～10 分钟即可。

🍴 **大厨美味重点：剁椒、泡辣椒、野山椒结合**

剁椒鱼头其实不只使用剁椒，一般还会用到剁椒、野山椒和泡辣椒。其中，剁椒和泡辣椒是铺在鱼肉上的，而野山椒要放入鱼嘴。野山椒可增加鲜辣感，而泡辣椒则能增加酸辣味。三者相结合，鱼头的酸味和辣味就都有了。

No.2 夫妻肺片

美食推荐人：罗小兵
『夫妻肺片』非物质文化遗产传承人
供职于成都市饮食公司夫妻肺片北站店

人们普遍认为川菜都是大麻大辣，其实不对。夫妻肺片就属于小麻小辣。夫妻肺片于2010年被纳入成都市市级非物质文化遗产名录，此后又于2011年被纳入四川省省级非物质文化遗产名录。

夫妻肺片是20世纪30年代由郭朝华、张田正夫妻创始的，是将牛肉、牛心、牛舌等原料仔细清洗干净，经卤水卤制后加以改刀，精心搭配红油、花椒等调料，制成的凉拌菜。旧时的肺片取材都用牛的下脚料或弃物，如牛肺、牛肚等，故被称为"废片"。又因是夫妻二人一起制作的，故得名"夫妻废片"。后来人们觉得"废片"二字有些不雅，正好其食材中有牛肺，便取"废"的同音字"肺"代替，改名"夫妻肺片"。后来人们发现牛肺的口感不好，便去掉了牛肺。

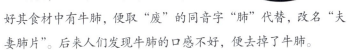

夫妻肺片暗红、白净。

现在我们吃到的夫妻肺片的主料包括精牛肉、牛肚、牛头皮、牛心、牛舌。做好这个菜不容易,煮这一环节相当重要,每种原材料都要单独煮。这道菜最主要的食材就是牛肉,卤制牛肉需要加香料。我们把香料混合起来,装入金属笼,再放入卤锅,卤制牛肉。卤制牛肉必须加盐、黄豆酱油,要煮 2 小时,才能熬出汤的香味。我们使用的是白卤法,这样可以让原料在卤制成熟后也能保持本色。卤好的牛肉要达到老年人也能嚼得动、不会塞牙的程度。

煮牛肚主要是突出牛肚的本味。煮的时候加一些姜、葱,倒入适量料酒,去腥。牛头皮采用同样的煮法,也是要突出其本味,不需要过多的操作。

主料都卤好之后,就该制作红油了。对这道菜而言,制作红油很关键,方法和炼油是一样的。油里需先放入姜、葱,主要是增加香味，葱浮起以后就关火，让油冷却一段时间。辣椒要选二荆条和朝天椒，比例大致是3∶1，就是3两二荆条配1两朝天椒。第一次淋油把辣椒面打湿，激出一定的香味来。然后，再次开火把油烧到约220℃，进行第二次淋油，再一次激出辣椒面的香味。重复3次，香味就完全出来了。红油要头天熬制，第二天再使用。

主料、红油都备好之后，就该进行拌的工序了。不过，拌之前，主料需要先切片。切片要厚薄适当且均匀，这样才容易入味。在家里做的话尽最大努力切薄一点。拌的时候先要加一定量的卤水（煮牛肉的卤水），再倒入熬制的红油。加卤水可以增香，红油可增加香味和辣味，使最后成菜达到麻辣鲜香的效果。

夫妻肺片观之红亮诱人，主料薄可透光，体现了大张薄页的特点；食之入口即化，全世界的人都能接受这道菜。

夫妻肺片的招牌。

No.3 来凤鱼

美食推荐人：冷洪飞
成都市醉义仙江湖菜馆厨师长

江湖菜起源于重庆，就像重庆人的性格，说一就一、说二就二，要麻就麻、要辣就辣，从不东说西说。江湖菜在烹调时不拘一格，不墨守成规。成菜装盘时也不拘小节，往往使用大盘、大盆，尽显豪爽，极具江湖气质。

据说，康熙五十年（1711年），来凤驿开设邓家鱼馆，创制了名菜"来凤鱼"。2015年，"来凤鱼传统烹饪技艺"被评为重庆市市级非物质文化遗产。来凤鱼是重庆江湖菜的鼻祖，邮亭鲫鱼、芋儿鸡都是从来凤鱼演变而来的。

来凤鱼的特点可概括为5个字,即麻、辣、鲜、香、嫩。

制作来凤鱼,必须选择鲜活的花鲢,而且最好是水库里的花鲢。鱼处理好之后,加盐、白酒,腌一会儿。炒底料要用到花椒、干辣椒、姜、蒜、泡辣椒、泡姜、郫县豆瓣酱、辣椒面。泡辣椒和泡姜是必不可少的佐料。泡辣椒要选用重庆当地的朝天椒才能做出正宗的味道,泡姜主要是提鱼的香味。

来凤鱼的特点可概括为5个字,即麻、辣、鲜、香、嫩。所以,鱼下锅后1分钟左右,待鱼肉达到八分熟时就要起锅。如果煮久了,鱼肉就会老,后期再用滚油浇淋,口感就更老了。

成菜后的来凤鱼鱼肉细嫩鲜美,入口第一感觉不是辣,而是一种独特的香味,这种香中和了辣椒的辣和花椒的麻,让这道菜显得辣而不冲、麻而不苦,让你越吃越想吃。

来凤鱼

食 材

主料：花鲢 1 条（2500 克）

调料：盐 16 克／白酒 25 克／花椒 50 克／干辣椒 100 克／姜 40 克／蒜 50 克／泡辣椒 60 克／泡姜 50 克／郫县豆瓣酱 40 克／辣椒面 40 克／白糖 20 克／醋 15 克／葱 20 克／水淀粉 30 克／香葱 30 克

做 法

❶ 选用新鲜花鲢，去鳞去腮处理干净后，将鱼肉片下。鱼肉切块，鱼骨切段。

❷ 干辣椒切段，姜切末，蒜切末，葱切段。泡辣椒切碎，泡姜切片，香葱切碎。

❸ 加盐、白酒，腌制鱼肉。

❹ 锅里倒油，油热后依次放入 30 克花椒、50 克干辣椒、姜、蒜、泡辣椒、泡姜、郫县豆瓣酱、辣椒面炒香。

❺ 加入白糖和醋，炒匀，随即加入适量水，撒下葱段。

❻ 锅中底料烧开后，倒入腌好的鱼块。

❼ 鱼下锅后 1 分钟左右起锅，起锅前加入水淀粉勾芡。

❽ 将鱼倒入盆中，撒上香葱碎。

❾ 锅中倒油，油热后倒入剩余的花椒、剩余的干辣椒炝香，随即浇在盆中的鱼块上。

🔪 大厨美味重点：鱼的火候要恰到好处

来凤鱼的要求中有一个"嫩"字，这是对鱼肉口感的要求。所以，鱼下锅后 1 分钟左右，待鱼肉达到八分熟时就要起锅。如果煮久了，鱼肉就会老，后期经滚油浇淋，口感就更老了。

No.4 赖汤圆

美食推荐人：李明成
『赖汤圆』第三代非物质文化遗产传承人
供职于成都市饮食公司赖汤圆

一提起成都美食，大家第一印象就是"麻辣"，其实成都也有很多好吃的甜食，如红糖锅盔、糍粑等，每一种都能甜到你的心坎里。今天，给大家介绍的就是成都甜食中最有名的——赖汤圆。它于2010年被纳入成都市市级非物质文化遗产名录，后又于2011年被纳入四川省省级非物质文化遗产名录。

赖汤圆起源于1894年，当时有位名叫赖源鑫的师傅沿街挑担卖汤圆，他制作的汤圆煮时不露馅，吃时不粘牙，大家都很喜欢。就这样一传十、十传百，这家汤圆的名气越来越大。因为做汤圆的师傅姓赖，大家就把他卖的汤圆称为"赖汤圆"。吃赖汤圆时要蘸芝麻酱味碟，这是一种习俗。

赖汤圆煮时不露馅、不浑汤,吃时不粘牙、不腻口,大家都很喜欢。

好汤圆当然要经过若干道工序加工而成。首先说说汤圆的皮。制作汤圆皮的糯米选用上等的糯米,糯米一定要白。浸泡至少24小时,期间需换2~3次水,然后用石磨磨浆,磨浆时添水要匀,这样磨出来的粉浆细度才够。接下来就是吊浆。吊浆就是把磨出来的粉浆装入布袋,将水分滤净即为细稠白嫩的汤圆粉。向汤圆粉中加入适量清水揉匀,即为做汤圆用的皮坯。

再来说说赖汤圆的馅儿。赖汤圆最大的特色就是黑芝麻的馅儿。黑芝麻要选颗粒饱满的,这样的芝麻做出的馅香味才浓。芝麻不是直接使用的,而是要先放入锅中用小火炒香。注意一定要把火候拿捏好,既不能炒煳又不能炒到只是刚刚断生。炒好的芝麻要捣成末,再加入炒过的面粉、白糖、熟猪油,揉匀,切成小的立方块。白糖要选用细白糖,这样的白糖在做的过程当中更易与其他食材融合;猪油要用熬成鹅黄色的熟猪油;面粉要用炒过的,便于内馅的黏合。

皮和内馅都有了，接下来就只需把内馅包入外皮、封口搓圆即可。包好的汤圆必须沸水下锅，下锅之后仍然要保持大火，煮到汤圆翻滚时加入适量冷水，保持锅内的水沸而不腾。

煮好的汤圆观之白如玉，品之细如绸，食之甜如蜜，令人回味无穷。

制作汤圆皮所用的糯米粉精选上等糯米制成，要先后经磨浆、吊浆两个工序。

No.5 龙抄手

美食推荐人：张贵荣

成都市饮食公司龙抄手总店白案总顾问

说起成都小吃，大家当然忘不了龙抄手。龙抄手的特点就是皮薄馅嫩、汤鲜味美、入口爽滑。它于2010年被纳入成都市市级非物质文化遗产名录。

龙抄手在20世纪40年代就有了，又在1995年被原国内贸易部授予"中华老字号"称号。这道美食中国人喜欢，外国人也喜欢，G20峰会的晚宴上最受欢迎的就是龙抄手。"抄手"是四川人对馄饨的称呼。至于为什么要在"抄手"前面加"龙"字，较常见的说法是，20世纪40年代初，创办人在"浓花茶园"商议开店的事儿，取店名时有人提议借用"浓"字，四川话中"浓""龙"谐音，而"龙"又有吉祥之意，故最终定名为"龙抄手"。

龙抄手常见的口味有 2 种：原味和麻辣。

龙抄手很讲究用料。和面时要加盐和鸡蛋，加盐是为了有韧性，加鸡蛋是为了吃起来口感好。盐、鸡蛋、面粉都有固定的比例，揉面的动作也有讲究。俗话说"面揉千手自然白"，意思是说面要反复揉压，通过反复揉压，揉好后的面非常光滑，吃起来很有嚼头。

面揉成团之后放在案板上，用手搋成枕头形，然后就用擀面杖擀，三推两杠就出皮。推的时候双手力度要均匀，面皮不能一边厚一边薄；杠就是边擀边压面皮。最后一杠很关键，抄手皮能否薄而不烂就看最后一杠了。

龙抄手的汤被称为"奶汤"，也是很有特点的。熬汤时用了鸡肉、猪棒骨，还有猪肚、猪舌和猪心。这些原料都要先汆水撇沫，然后再一直用大火熬，熬煮两三个小时，至汤呈白色时基本就熬好了。

面皮、汤都讲过了，就该谈谈内馅了。龙抄手的肉馅用到了猪的前夹肉和后腿肉（肥瘦比例为3∶7）、盐、姜汁、蛋液、高汤、胡椒粉。馅的原料都很常见，普通人家都有，调馅方法也很简单——分多次加高汤，用力朝一个方向搅拌至汁水与肉融为一体，呈黏稠状。这样的抄手馅吃起来才嫩。

包好的抄手形如菱角，只需入锅清煮，再配上自己喜欢的底汤，便十足美味。

龙抄手是老字号，20世纪40年代就有了。

龙抄手

食 材

面皮：面粉 800 克 / 盐 5 克 / 鸡蛋 4 个 / 清水 80 克

底汤：猪棒骨 1000 克 / 鸡肉 1000 克 / 猪肚 500 克 / 猪舌 300 克 / 猪心 300 克 / 葱 100 克 / 姜 100 克

内馅：猪前夹肉 400 克 / 猪后腿肉 400 克 / 姜汁 32 克 / 盐 4 克 / 白胡椒粉 2 克 / 鸡蛋 2 个 / 高汤适量

* 肉的肥瘦比例为 3:7。

做 法

❶ 用于底汤的葱切段，姜切片。

❷ 把面粉放入面盆，中心挖出 1 个凹陷，凹陷处放盐和蛋液，再加清水，调匀，揉成面团。

❸ 将面团放在案板上，用手攥成枕头形，再用擀面杖用力擀开。

❹ 面擀平之后，卷到擀面杖上，继续擀面。注意用力均匀，并不时撒上干面粉，避免面团与擀面杖粘黏。

❺ 重复上一步骤的操作，直到擀成薄薄的大面皮。

❻ 将面皮摊开，擀至纸一样薄。

❼ 将面折叠起来，切成四指见方的抄手皮备用。

❽ 锅里准备清水，加入猪棒骨、鸡肉、猪肚、猪舌、猪心、葱段、姜片，大火烧开后撇去表面的浮沫，继续熬 2~3 小时。

❾ 将猪前夹肉和后腿肉洗净后剁成肉末，加入盐、姜汁、白胡椒粉、蛋液，分次加入高汤，搅拌均匀。

❿ 抄手包好后入锅清煮。

⓫ 煮好后的抄手捞出放入碗中，并向碗中加入步骤 8 熬好的底汤即可。

> 🖋 **大厨美味重点：三推两杠擀出薄可透字的面皮**
>
> 龙抄手的皮薄可透字却不烂，要做出这样的面皮，关键在于擀面时的三推两杠。推的时候双手的力度要均匀，面皮不能一边厚一边薄；杠就是边擀边压面皮。最后一杠很关键，抄手皮能否透字、薄而不烂就看最后一杠了。

No.6 麻婆豆腐

美食推荐人：汪林才

『陈麻婆豆腐』第八代非物质文化遗产传承人

供职于成都市饮食公司陈麻婆豆腐旗舰店

陈麻婆豆腐始创于清朝同治元年（1862年），至今已有150多年的历史。麻婆豆腐在川菜里影响最广，代表正宗川菜享誉国内外。麻婆豆腐于2010年被纳入成都市市级非物质文化遗产名录，后又于2011年被纳入四川省省级非物质文化遗产名录。

陈麻婆豆腐始创于成都外北万福桥边，原名"陈兴盛饭铺"。店主陈春富早殁，小饭店便由老板娘经营。女老板面有麻痕，人称"陈麻婆"，她制作的烧豆腐便被戏称为"陈麻婆豆腐"，饭铺也因此冠名"陈麻婆豆腐店"。清朝末年，陈麻婆豆腐被《成都通鉴》收录为成都著名食品。

020

陈麻婆豆腐色泽红亮，麻辣味厚，细嫩鲜香。

麻婆豆腐的精髓可总结为8个字：麻、辣、烫、整、酥、嫩、鲜、香。川西坝子的很多川菜馆都有"麻婆豆腐"这道菜，但是能够完美体现麻婆豆腐精髓的还是"陈麻婆豆腐"。

做麻婆豆腐要选用石膏豆腐，豆腐要白要嫩还要成形，质感要好。制作麻婆豆腐的第一步就是豆腐焯水，即把洗净切块的豆腐放入水中，放入少量食盐，煮一会儿，再捞出备用。为什么要煮一下呢？煮是为了使豆腐第一次受热，吐出一定的水分，入一定的盐味，顺便还可去掉豆腐自身的豆腥味。

第二步就是煵炒牛肉臊子。牛肉臊子一定要煵至酥香备用。第三步就该炒制底料了。炒制底料时，锅中要加入郫县豆瓣酱、辣椒面、豆豉、蒜泥，炒香。制作麻婆豆腐一定不要放姜，姜的味道很浓，会覆盖其他的味儿。炒香以后，加高汤。汤的量要适度，因为豆腐入锅后，不能让汤把豆腐都淹没，汤没过一半的豆腐就可以了。最后，再加入炒好的牛肉臊子，炒匀。

第四步，豆腐就该入锅了。入锅后要不停地翻炒，注意炒勺不能回勺，只能顺一个方向推，并且不能用炒勺的正面，要用炒勺的背面。麻婆豆腐的特点8个字里面有个"整"字，这样炒能最大限度地保证豆腐块的完整。

第五步就是起锅之前的提味及勾芡。提味靠的是酱油，所以我们需要向锅中加入少许酱油。这一步最重要的是勾芡。勾芡时选用的是用豌豆淀粉制成的水淀粉，要分3次少量加入锅中。第一次勾芡，使汤汁的味道逐渐进入豆腐。第二次勾芡，起更好的拉力作用。豆腐内部含水较多，前两次勾芡之后淀粉糊化，看上去汤汁变浓稠，但过一会儿锅内的汤汁又会变稀一些，这种现象就叫豆腐吐水。为了使芡汁和豆腐彻底黏合，保证豆腐不吐水，我们还需要再勾次芡。勾芡期间一定要掌握好火候，最开始的时候火可以稍微大一点，最后就要用小火甚至微火。

最后，要在起锅前加入切好的蒜苗，再继续烧一会儿以更好地入味，炒至亮油汁浓后就出锅装盘，并撒上少许花椒面。

陈麻婆豆腐形整不烂、色泽红亮、麻辣鲜香，里面包含了麻、辣、烫、整、酥、嫩、鲜、香8种滋味的大乾坤。

麻婆豆腐

食 材

主料：豆腐500克／牛肉末100克

调料：盐1.5克／郫县豆瓣酱50克／辣椒面1克／豆豉10粒／酱油25克／蒜泥适量／高汤400克／豌豆淀粉75克／花椒面1克／蒜苗75克／

做 法

❶ 豆腐洗净后切成四方块，倒入水中，加入盐，去除多余的水分和豆腥味后捞出备用。

❷ 锅里倒油，锅热后倒入牛肉末，煸炒至牛肉变酥、变色后，捞出沥油，备用。

❸ 在锅里加入郫县豆瓣酱、辣椒面、豆豉炒匀。

❹ 加入适量蒜泥，炒香后倒入高汤，放入煸好的牛肉末，炒匀。

❺ 加入切好的豆腐并炒制，注意保持豆腐的形状。炒制的时候用炒勺的背面，不能过于用力，炒的过程中要顺一个方向，不能回勺。

❻ 加入酱油提色。

❼ 在豌豆淀粉中加入适量清水，勾兑成水淀粉。

❽ 调成小火，水淀粉分3次加入锅中，小心翻炒。

❾ 加入切好的蒜苗，炒至亮油汁浓后出锅装盘，再撒上花椒面即可。

🥄 大厨美味重点：麻婆豆腐要勾3次芡

第一道芡使味更好地融入豆腐。

第二道芡起更好的拉力作用。

第三道芡使豆腐和芡汁彻底黏合，不再吐水。

豆腐内部含水较多，第一次勾芡之后淀粉糊化，看上去汤汁变浓稠，但过一会儿锅内汤汁又会变稀，这种现象就叫豆腐吐水。勾3次芡才会使豆腐不再吐水。勾芡期间一定要掌握好火候，最开始的时候火可以稍微大一点，最后就要用小火甚至微火。

No.7 邹鲢鱼

美食推荐人：赵惠忠
中华老字号传承人
供职于成都市饮食公司带江草堂

老成都人是肯定晓得邹鲢鱼的，那是带江草堂的当家菜。这道菜其实应叫大蒜烧鲶鱼，它其实是用鲶鱼做成的。成都人 l、n 不分，他们口中的"鲢鱼"就是鲶鱼。成都人吃鲶鱼，最早也是从吃邹鲢鱼开始的。邹鲢鱼于 2010 年被纳入成都市市级非物质文化遗产名录。

带江草堂是邹瑞麟老师傅创立的。小店原来三面环水，最初店名为带江茶园，卖些豆花饭、小吃，后来邹师傅看见河里有很多鲶鱼，于是就地取材开始卖鲶鱼。因其姓邹，他做的这道菜就取名"邹鲢鱼"。陈毅、巴金、郭沫若等名人都来这里吃过邹鲢鱼，并对其大加赞赏。

成菜后的鲶鱼色香味俱全。

选料讲究,做出来的菜就好。做这道菜用的鲶鱼要选1~2两的。另外,这道菜用的调料也很讲究。邹鲶鱼是鱼香味型,同时还蒜香浓郁。炒制底料时要用到郫县的豆瓣酱、温江的蒜(炸至蒜皮发皱)、新繁的泡姜和泡辣椒,邹鲶鱼就是靠这几种料来做出鱼香味。

邹鲶鱼很讲究,不仅讲求色、香、味,还讲究形。所以,鱼起锅装盘时不能随便乱放,而要一条条地叠搭起来,这样才会让人有食欲。鱼盛出之后,锅里剩余的汤汁继续熬煮,并加入水淀粉勾芡,起锅前加醋、红油和葱花,然后浇淋在摆好的鲶鱼上。记住,鱼香味的菜凡是要加醋的,都是在即将起锅时加,因为醋煮久了味道就不正了。最后一道工序就是加红油,红油可提香、提鲜、提色。

成菜后的邹鲶鱼色香味俱全,味型也很独特——蒜香味很浓,又带鱼香味。由于鱼的肉质非常嫩,吃这道菜可不是一筷子一筷子地夹着鱼肉吃,嘴巴只需轻轻一抿,鱼肉就会立刻滑入口中。喜欢吃鱼的人,一定要尝一尝这道菜哦。

No.8 东坡肘子

美食推荐人：陈　忠
『东坡肘子』非物质文化遗产传承人

东坡肘子是眉山自古就有的美食，当地人又把它称为"髈"。四川有句话是"无髈不成宴席"，老百姓过红白喜事、摆九大碗的时候都有东坡肘子这道菜。2017年，东坡肘子被四川眉山市东坡区纳入区级非物质文化遗产名录。

东坡先生不但学识渊博，还是位美食家。相传，东坡先生为官的时候，猪肉很便宜，富人不肯吃，穷人又不知道怎么煮，他就想起了流行于其家乡眉山的烹制猪肉的方法。东坡先生说道："净洗铛，少著水，柴头罨烟焰不起，等他自熟莫催他，火候到时他自美。"百姓吃了之后，感到确实好吃，就把用这种做法做出的肘子命名为东坡肘子。

东坡肘子汤色红亮,肥而不腻,耙而不烂。

餐饮行业内有句话叫"前蹄后膀",做这道菜选用2.5～3斤的后肘最佳。肘子用水浸泡1小时,去血水,并把猪毛去净,再冷水下锅,文火慢慢煮。东坡先生说的"柴头罨烟焰不起"就是对火的大小的描写。过去都是用柴火灶,"柴头"是指做燃料用的柴木、杂草等,"焰不起"就是控制火势,用不冒火苗的虚火来煨炖。

煮的时候,水中只放生姜、花椒、香葱来去腻,盐等调味料都不放。东坡肘子要靠浇淋料汁来调味。川人好辛辣,炒料汁时,炒锅中必然少不了一些辛辣的调味品。苏东坡生活的那个年代调出辛辣味主要靠生姜。清朝初年,辣椒进入四川,才有了辣豆瓣酱,才有了泡辣椒。此二者一经出现,就迅速作为东坡肘子的原料被推广开来。东坡肘子做得好不好,关键还是看选用的泡辣椒质量好不好。

炒好的料汁汤色红亮,需要趁热浇在煮好的肘子上。肘子肉入口肥而不腻,耙而不烂,初入口尝到的是典型的姜汁味,回口又有淡淡的泡生姜和泡辣椒的鲜味,滋味悠久绵长。

东坡肘子

食 材

主料: 猪肘 1350 克

调料: 姜适量 / 花椒适量 / 香葱适量 / 郫县豆瓣酱 10 克 / 泡辣椒 15 克 / 盐 0.2 克 / 白糖 3 克 / 花椒面适量 / 醋 20 克

做 法

❶ 泡辣椒切碎;取适量姜切片,取 150 克姜切碎;取适量香葱打结,取 10 克香葱切碎。

❷ 猪肘洗净,放入水中泡 1 小时,去血水。

❸ 将猪毛去除干净。

❹ 处理好的肘子冷水下锅,锅里放入姜片、花椒、香葱结,文火煮 3 小时以上,放入盘中备用。

❺ 锅中倒油,油温热后倒入郫县豆瓣酱煸香,然后下姜末、泡辣椒末炒香。

❻ 加入盐、白糖、醋、花椒面炒匀,撒上香葱碎即可起锅。

❼ 将汤汁淋在盘中的肘子上,即可成菜。

No.9 藤椒油

美食推荐人：赵 麒
藤椒油焖制工艺第十九代传承人

四川洪雅从2000多年前就开始使用藤椒了，中国最好的藤椒也是出自那里，洪雅因而被誉为"中国藤椒之乡"。《洪雅县志》里也有记载。洪雅饮食文化的根就是藤椒文化，藤椒油是洪雅有名的藤椒制品。洪雅藤椒油在顺治元年（1644年）就有记载了，如今家家户户都炼制藤椒油食用，洪雅藤椒油的焖制工艺也被纳入眉山市市级非物质文化遗产名录。

洪雅得天独厚的地理环境造就了当地藤椒的枝繁叶茂、果实的异常饱满。藤椒的特色就在于它的清香味，麻味倒在其次。藤椒表面有很多油包，油包里面含有芳香成分，这个成分是花椒里面没有的。

油温达到约200℃时就将三分之一的菜籽油浇淋在新鲜藤椒果粒上,让油经过藤椒和竹筐,流入土罐。

每年六七月份,家家户户都背着背篼到田里采摘藤椒。藤椒果实非常娇贵,我们要避开有露水的时候去采摘,采摘的过程中还一定要避开阳光,因为强烈的日照会破坏藤椒表面的这些油包,而露水在挥发的过程中则会带走藤椒的营养成分和一些水分。采摘下来的藤椒要置于通风、透气处保存,72小时之内要对它进行处理,熬制藤椒油。

熬制藤椒油时,先将菜籽油倒入锅中,温火慢熬,去除菜籽油的生油味。加热菜籽油的同时将藤椒放在竹筐中,竹筐放在土罐上,挡住罐口。油温达到约200℃时就将三分之一的菜籽油浇淋在新鲜藤椒果粒上,让油经过藤椒和竹筐,流入土罐,这个步骤的主要目的是提取藤椒的芳香成分。

接下来,第一时间用芋荷叶把淋好的油封存在土罐里,保留藤椒的芳香，保证其不会挥发掉，芋荷叶的清香会和藤椒味融在一起。淋过油的藤椒应迅速倒入油锅，慢火熬制，去除水分，将藤椒的麻味素提取出来，待其从绿色变为金黄色的时候，藤椒油就熬制好了。

将藤椒连油一起倒入之前的土罐，密封，待油自然冷却后再将藤椒捞出来，只留纯的藤椒油在罐里。

现在藤椒在各大菜系的运用都很广泛，藤椒鱼、藤椒钵钵鸡都是用藤椒油做出来的。藤椒饮食文化应该被传播出去，让更多的人了解藤椒这种调味珍品，品尝它的美味。

No.10 樟茶鸭

美食推荐人：周华省
中华老字号传承人
供职于成都市饮食公司耗子洞樟茶鸭

传统川菜樟茶鸭是用樟树叶和花茶烧出的烟熏制而成。它的名气虽然比不了北京烤鸭和南京盐水鸭，但也不是泛泛之辈。这道菜也有将近百年的历史了。

民国初期，成都有座茶楼酒馆，店铺外小内大，形如鼠洞，被称为"耗子洞"，当时樟茶鸭创始人张氏就在门口摆摊设点卖鸭子，他的招牌菜樟茶鸭因而被称为"耗子洞张鸭子"。它需要经过4道工序，以前是腌、熏、蒸、炸，现在是腌、熏、卤、炸，每个环节都有一定的技术要求。

第一步是腌。鸭子要用加有盐和花椒的水腌至入味，100斤水、8斤盐、半斤花椒，腌12小时。这个用量看上去是不是有些

耗子洞樟茶鸭的卤水用的是红卤，成菜红亮红亮的。

惊人？要知道，在饭店里可不是一只只地腌，而是一缸缸地腌哦。腌制过后就是出坯，即把腌好的鸭子入沸水烫几十秒。出坯的目的是让鸭子表皮更光滑，以便熏制的时候上色更均匀。

烫过的鸭子晾一二十分钟，晾干后就可以进行烟熏环节了。熏的环节是非常关键的，一要注意控制温度，二要注意不能有明火。温度过高的话，鸭子水分会散失得很快，这既影响鸭子的口感，也不利于上色。温度最好控制在70~80℃，熏制一两个小时，在这个温度下樟树叶和花茶的香味会慢慢渗透到鸭肉中。这样熏好的鸭子表皮呈金黄色。

熏好以后就开始卤制。卤制需要40分钟左右，时间短了卤不熟，时间长了就老了。耗子洞的樟茶鸭卤的火候掌握得很好，几乎就是刚刚断生，这样能够保证鸭肉的鲜嫩。耗子洞樟茶鸭的卤水用的是红卤，成菜红亮红亮的，颜色特别好看，很受大家欢迎。

最后一道工序就是炸。要用菜籽油炸,味道更香。用180℃左右的热油炸至鸭子表皮紧缩、颜色金黄就可以出锅了。传统名菜樟茶鸭就做好了。

樟茶鸭过去是作为宴席上的大菜上桌的。上这道菜时还有个规矩,就是鸭肉要切成块状,再摆成鸭形。一道合格的樟茶鸭,皮要略带酥,肉吃起来要嫩,有浓郁的烟熏香味,当然主味还是咸鲜味。这两种味道混合,比较独特,令人难以忘记。

流传百年的老味道

No.11 太白酱肉

美食推荐人：赵惠忠
中华老字号传承人
供职于成都市饮食公司带江草堂

说起酱肉，最令人难忘的一定是四川人做的。一到秋冬时节，成都的主妇们就会开始做酱肉。酱肉属于腌腊制品，无需窖藏。它选料精细，制作考究，集肉香、酱香于一体，而带江草堂的邹瑞麟老师傅研制的太白酱肉更是其中的翘楚，号称"赛火腿"。

带江草堂原名三江茶园，由四川简阳人邹瑞麟先生于1937年创办。这家饭店自创办至今都在同一个地址——成都三洞桥头。郭沫若先生在此品尝后，曾题诗曰："三洞桥边春水深，带江草堂万花明。烹鱼斟满延龄酒，共祝东风万里程。"太白酱肉是带江草堂的特色菜，很受客人的欢迎，每年11月底、12月初，带江草堂整个店里挂的全是太白酱肉。

酱肉集肉香、酱香于一体，肥肉看上去油亮香醇，却不油腻。

太白酱肉选料十分讲究，应选用体重 150 千克左右的猪的后腿肉精心腌制。这个部位的肉肥瘦相间，吃起来肥而不腻。制作时，先将花椒和着盐炒制，炒熟之后抹在肉上，必须要抹均匀，同时还要给肉按摩一下。因为五花肉是有层次的，按摩有助于让盐味浸入肉里。然后，肉要下缸腌制 3 天，每天要翻动 1 次，上面的要翻到下面，下面的要翻上来。3 天以后起缸，晾上一整天。晾干水分后，酱才抹得上去。

接下来，就该把太白酱料刷上去了。太白酱肉的一绝，就在于"酱"。十多种上乘的药材及香料的味道渗入甜面酱和醪糟，使得酱料独具风味。太白酱肉采用古法酱制，其方法从 20 世纪 40 年代沿用至今，全程纯手工操作。给肉刷酱料时要经过不低于 3 次的反复刷酱，酱料的香味才会更加彻底地进入肉中，肉的酱香味才会更加浓郁。

裹满秘制酱料的太白酱肉需要再晾晒半个月才可食用。肉要与空气充分接触,使其中的水分被带走。太白酱肉只风干不烟熏,是百分之百的绿色生态美食。

一块褐色近乎黑的太白酱肉是老成都人的念想,似乎只有这种浓重的色彩才能担起那深厚的川味儿。铮亮的肥肉白里透光,肥而不腻,入口化渣;玫红色的瘦肉酥松滋润,细味慢尝,越嚼越香。首味咸鲜,中味回甜,后味略具纯正清雅的药香味与酒糟香味,一口下去,香味在齿颊萦绕。

太白酱肉,吃法很多,可作冷盘下酒,也可用青油菜垫底蒸着吃,还可作为烹制"太白鱼头"等菜肴的主要配料。而用荷叶饼夹着吃是众多吃货的最爱,热乎乎的饼浸着肉里的猪油,咬上一口,香气四溢,再加上软腻的口感,简直令人受用无穷。

裹满秘制酱料的太白酱肉需要再晾晒半个月才可食用。

带江草堂是中华人民共和国原国内贸易部
认定公布的中华老字号。

每年 11 月底、12 月初,
带江草堂整个店里挂的全
是太白酱肉。

No.12

干烧鱼

美食推荐人：陈 杰

中华老字号传承人

供职于成都市饮食公司龙抄手总店

干烧鱼是四川地区的传统名菜，味型是咸鲜味。它是著名国画大师张大千先生的家传菜。

提起张大千，人们首先想到他是国画大师，事实上他还是美食家、烹饪大师，徐悲鸿在《张大千画集·序》中称他"能治蜀味，兴酣高谈，往往入厨作羹飨客"。他甚至还创造了大名鼎鼎的大千菜系。

大千鸡块、大千红烧肉、大千酿豆腐……大千菜系正在逐步形成。大千干烧鱼是大千菜系的招牌菜之一。在第一届大千风味菜肴研讨会上，张大千长女张心瑞介绍说："大千干烧鱼源于祖母烧制的豆瓣鱼，后来由父亲加以创新而成。"

干烧鱼颜色红亮、味道咸鲜、带辣回甜，是鱼类菜中的上品。

　　制作干烧鱼选用的是鲈鱼，这种鱼肉嫩刺少。在腌制前，我们需要在鱼背上划几条小口，让鱼肉更容易入味。划好小口之后，就加盐、料酒、姜、香葱，腌10分钟。接下来就该将鱼下锅油炸了。这一步，要用八成热的高油温，让鱼快速定形。油温过低则鱼不易定形。将鱼两面炸至金黄、略微变硬，表皮酥脆，就可以捞出了。

　　炒制这道菜的底料时要依次在油锅中下姜、香葱、泡辣椒和芽菜。葱姜的作用是除腥去异，泡辣椒则可以提色去腥。这里最有特色的就是四川的芽菜了，它可使底料酱香浓郁。将锅中的食材炒香后就该下肉末了，这里用的不是生肉末，而是已经煸炒至酥香的肉末。将香酥的肉末放入锅里翻炒，锅内的汁水和肉末会逐渐融合，肉末就有了独特的味道。锅内食材炒匀后就倒入高汤，然后微火慢慢收汁。加入高汤主要是为了增加鲜味，在收汁的过程中，芽菜的味道、泡辣椒的味道以及姜和香葱的香味都会慢慢地融入高汤。

在微火收汁的过程中将炸好的鲈鱼放入底汤，并持续不断地将汤汁浇淋在鱼身上。浇淋几次汤汁后就要加盐、酱油、料酒、味精调味。注意在收汁的过程中一定要将鱼翻面，让鱼身两面都均匀受热。鱼肉在收汁的过程中会慢慢回软，慢慢变熟，鱼肉的鲜味也会慢慢融入汤中。

干烧鱼不勾芡，而是要把汁水收干，让各种味道在收汁的过程中慢慢融入鱼肉，最后成菜颜色红亮、辣而鲜香，是鱼类菜中的佼佼者。

干烧鱼

食 材

主料：鲈鱼1条（650克）／炒酥的肉末200克

调料：四川芽菜50克／姜25克／香葱100克／料酒15克／盐5克／泡辣椒80克／酱油8克／味精5克／高汤400克

做 法

❶ 将鲈鱼处理干净，在鱼身两面都用刀划几道小口，方便腌制入味。

❷ 15克姜拍松，10克姜切成姜末；香葱切段；泡辣椒切段。

❸ 加入一半的料酒、一半的盐、20克香葱、姜块，腌制10分钟。

❹ 将腌好的鲈鱼下锅油炸，炸至定形、略微变硬、表皮酥脆、呈金黄色时沥油捞出。

❺ 另取一锅，锅里倒油，油温六成热时加入切好的泡辣椒、剩余的香葱、姜末，炒香后加入四川芽菜和炒酥的肉末。

❻ 翻炒均匀后，加入高汤，微火慢慢收汁。

❼ 在微火收汁过程中，将炸好的鲈鱼放入步骤6的汤中，不断地舀起汤汁，浇淋在鱼身上。

❽ 加酱油、味精、剩余的料酒和剩余的盐，翻动鱼身，使其均匀受热。

❾ 鱼肉熟了后，将鱼捞出装盘，锅中的香葱段和泡辣椒段捞出，平铺在鱼身上。

❿ 继续收汁直至汤汁浓稠。

⓫ 将汤汁浇在鱼上。

🍴 大厨美味重点：不勾芡，慢慢把汁水收干

做干烧鱼一定不要勾芡，而是要用小火慢慢地收汁。在收汁过程中，芽菜的味道、泡辣椒的味道、姜葱的香味都会慢慢融入汤里，汤里的味道又会慢慢与鱼肉融为一体。如此一来，干烧鱼的味道层次就很丰富，咸鲜之外，还带辣回甜。

鱼米豆花

No.13

美食推荐人：汪林才

"陈麻婆豆腐"第八代非物质文化遗产传承人

供职于成都市饮食公司陈麻婆豆腐旗舰店

实际上，有很多传统川菜是不用辣椒的，就是咸鲜味、复合味型，比如鱼米豆花就是不辣的，是道很清淡的菜。

鱼米豆花是陈麻婆豆腐的传人创新的一道菜，主要食材是最嫩的豆制品——豆花。豆花是一种用黄豆制成的豆制品，质地很软，口感滑嫩。直接食用时需搭配佐料。根据所配佐料的不同，分为甜豆花和咸豆花。从健康角度来说，豆制品是比较好的保健食品，高蛋白、低脂肪，老少皆宜，很受大众的欢迎。

鱼米豆花的原料很常见，主要就是鱼和豆花，然后再稍微加一点儿盐和高汤。

制作鱼米豆花，我们一般选用鲈鱼、鳜鱼、银鳕鱼等刺少的鱼，因为刺少的鱼比较适合老年人和小孩子。鱼需要依次经过剔骨、去刺、切丁、调味等工序，然后再放入油温达到 70~80℃ 的油锅，定形滑熟。如果老年人吃，最好放一点儿鸡油。

接着，将姜末、蒜末下锅炒，炒香后加高汤。高汤的主要作用是提鲜，它在川菜烹饪中是必不可少的。

加完高汤之后，就把豆花入锅煮烫，然后再依次放入玉米粒、青椒碎、红椒碎、鱼肉丁。起锅前，加入适量水淀粉勾芡即可。

这道菜家家户户都可以做，原料很常见，最主要的原料就是鱼和豆花，然后再稍微加一点儿盐和高汤。玉米、青椒和红椒这几样是用于增添色彩的。鱼米豆花是调羹菜，因为它是用勺子舀着吃的，入口就能吃出鲜味，还有盐的咸味，所以称其味为咸鲜味。

鱼米豆花

食 材

主料：鲈鱼1条／豆花500克／玉米粒50克／青椒碎18克／红椒碎18克

调料：蒜末10克／姜末5克／料酒6克／蛋1个／水淀粉15克／高汤80克／盐6克

做 法

❶ 将鲈鱼处理干净，剔骨去刺后将鱼肉切成丁。

❷ 在鱼肉丁中加入料酒、蛋液和3克盐，搅拌均匀备用。

❸ 锅里倒入少许油，油温70～80℃时倒入鱼肉丁，鱼肉定形且变熟后沥油捞出备用。

❹ 锅里倒少许油，油热后放入蒜末、姜末，炒香。

❺ 加入高汤，下豆花。

❻ 待锅里汤汁烧开后，放入玉米粒、青椒碎和红椒碎。

❼ 下鱼肉丁，微煮片刻。

❽ 起锅前加入水淀粉和剩余的盐，继续加热至锅内汤汁变浓稠即可。

No.14

陈皮牛肉

美食推荐人：熊江黎
中国烹饪名师
中国特级烹调师

百变四川，多种味。四川省地处长江上游，丰富的物产为川菜的形成和发展奠定了良好的基础。川人做菜取材广泛，江河湖海中的鱼虾、鲜嫩肥美的家禽家畜以及四季不断的新鲜时蔬都可拿来入菜，有时甚至还会把药材作为辅料入菜。可以说，川人的智慧在菜肴制作中凸显得淋漓尽致。

陈皮牛肉这道川菜中的传统名菜就是以药材为辅料入菜的。陈皮牛肉起源于清朝末期，属于陈皮味——由传统川菜味型中的麻辣味演变而来。

陈皮是一味味苦性温的中药，有理气和中、祛湿化痰的功效。在料理肉类菜肴时加入陈皮，可以去腥除腻，更可提香。

传统的陈皮牛肉采用晒干后的陈皮,而这里介绍的陈皮牛肉,经过熊大师的细琢改良,采用新鲜橘子皮入菜,恰好弱化了原有的苦味,菜品色泽也更加饱满。

这道菜的主料选用的是牛臀肉,这个部位的牛肉肉质紧密,比较细嫩。牛肉需要加盐、白胡椒粉、料酒、姜、葱腌制,从而去异增香。

这里,选用白糖来炒糖色。炒糖色时,油量不能太多,全程都一定要用小火。炒至糖汁第一次起泡时,立即加入适量的水,熬浓厚盛出备用。

这道菜中的牛肉不能直接下锅炒,而应该先放入油锅中炸一

陈皮牛肉色泽红亮,干香滋润。

下。腌过的牛肉待油温约六成热时入油锅，炸到牛肉呈金黄色时就捞出备用，一定不要炸得太干。干辣椒和花椒在入油锅炒制之前也要经过预处理——提前泡水，否则容易炒焦、炒煳。

干辣椒和花椒炒香上色后，加入橘子皮，一起炒香之后，加入高汤，调入糖色。随即加入滑过油的牛肉，调成小火收汁。收汁的过程中加盐调味。当汁水收干时，加入葱段，淋上少许香油，撒入少许芝麻翻炒均匀，就可以起锅装盘了。

陈皮牛肉这道菜体现了取水与还水的烹饪过程。收汁时，在糖色的作用下，菜品颜色会逐渐变红亮，汁水会更加黏稠，完完全全地包裹在牛肉上。

成菜有股浓郁的陈皮味，色泽红亮，干香滋润，入口即化。其味道丰富且层次分明，很好地体现了传统川菜中的复合型味型的特点。

陈皮牛肉

食 材

主料：牛臀肉 400 克

调料：新鲜橘子皮 50 克／鲜榨橙汁 20 克／姜 25 克／葱 30 克／料酒 5 克／白胡椒粉 2 克／花椒 8 克／干辣椒 20 克／白糖 50 克／盐 3 克／芝麻少许／香油少许／味精 1 克／高汤适量

* 橘子皮味苦，多则伤味，故用量需谨慎。

做 法

❶ 将牛肉洗净，切成长 4 厘米、宽 2.5 厘米、厚 0.3 厘米的肉片。姜切片，葱切段。

❷ 橘子皮切成菱形，干辣椒和花椒放入水中浸泡。

❸ 将牛肉片放入碗中，放入姜片和 20 克葱段，加白胡椒粉、料酒和 1 克盐，拌匀，腌制 15～20 分钟。

❹ 锅里倒油，油温六成热时加入白糖，转小火，用炒勺在锅里不停地搅动，使糖充分溶解。

❺ 糖汁第一次起泡时，立即加入适量清水，熬浓后起锅备用。

❻ 锅里倒油，烧至六成热时，放入腌制好的牛肉片，炸至表面变色略硬时沥油捞出。

❼ 锅里倒油，烧至六成热时，放入泡过水的干辣椒、花椒，炒香后，放入橘子皮。

❽ 加入高汤，放入味精和步骤 5 炒好的糖色，炒匀。

❾ 将滑过油的牛肉放入锅中，汤烧开后，调成小火收汁。

❿ 收汁过程中放入橙汁，加入剩余的盐。

⓫ 收汁末尾，在锅里加入剩余的葱段，淋入香油，撒上芝麻，翻炒均匀起锅。

🥄 大厨美味重点：忌用酱油

这道菜忌用酱油。用酱油会影响成菜的色泽，使菜的颜色变得很深，视觉效果较差。汁水不能收干，只有油不见汁是不行的，需带一点汁，肉吃起来才比较滋润。若食材采用陈皮，可以先把陈皮淘洗干净，然后用清水泡。制作时，可以把泡陈皮的水倒入锅中一起收汁，这样更能凸显陈皮味。

No.15 冷吃牛肉

美食推荐人：罗俊华
中国烹饪大师

食在四川，味在川南。川南地区一直是富庶之地，这个地区的人对味道有极致的要求。后来，这里逐步形成了川菜的小河帮。其实川菜使用的食材都很简单，而川菜的精髓就是，即使食材很简单，只要配合恰当的烹饪方法，就能做出极致的味道。冷吃牛肉是把牛肉先卤后炸再跟干辣椒混合炒制，放凉后食用的，可以作为零食或者下酒菜。

冷吃牛肉源于自贡，是川菜小河帮的代表，迄今已有百年历史。自贡当地人对这道菜情有独钟，逢年过节的时候，家家户户都要制作冷吃牛肉。它属于热制冷吃，要做好并不容易。选料要精、做工要细、火候要当，才能做出口味纯正的冷吃牛肉。

冷吃牛肉看起来是红润润的一片。

选择牛肉的时候，要选黄牛肉，肚腹、背上的肉都可以。牛肉需要汆水后再卤制，以去除血水。为了除异增香，卤牛肉时自然是要下香料的，所用香料就是八角、桂皮、丁香之类的。

卤好的牛肉切丝后才能入锅炒制，与牛肉同炒的有干辣椒、花椒。辣椒一定要用自贡的七星椒，皮薄肉厚，辣香回甜。干辣椒需剪成丝状，搭配牛肉丝炒出来更成形更好看。炒香后加辣椒面可以让成品颜色更鲜艳，增加亮度的同时也可增加辣味。

冷吃牛肉的调料很简单，但是要做好也非常不容易。卤制牛肉时的火候要够，炒制牛肉的时候则要将水分炒干，且一定要将七星椒的辣椒香味炒出来。

炒好的冷吃牛肉，看起来是红润润的一片，辣椒和花椒的香味充分融进牛肉。入口先是香，接着是刺激喉咙的辣，最后充盈于口的则是麻，好吃到让你怀疑人生。

冷吃牛肉

食 材

主料：牛肉 3000 克

调料：姜 100 克／葱 60 克／花椒 200 克／干辣椒 600 克／辣椒面 300 克／白蔻 20 克／桂皮 30 克／八角 30 克／香叶 15 克／丁香 4 克／山柰 10 克／白糖 10 克／盐 20 克／味精 18 克

* 牛肉建议选黄牛肉，选择肚腹、背上的肉皆可。

做 法

❶ 牛肉洗净后放入锅中焯水，大火煮开后再用中火煮 10 分钟，去血水。

❷ 姜切成片，葱切成段，干辣椒切丝，装盘备用。

❸ 锅里烧水，放入焯过水的牛肉，再放入 100 克花椒、葱、姜、白蔻、桂皮、八角、香叶、丁香、山柰、10 克盐，卤至牛肉变软且入味。

❹ 捞出牛肉，晾凉。

❺ 晾凉的牛肉顺着纹理切成条，一般不超过 7 厘米长。

❻ 锅里倒油，烧至 170～180℃，放入切好的牛肉条，约炒 5 分钟后放入干辣椒丝、剩余的花椒，炒香。

❼ 放入辣椒面，继续炒。

❽ 起锅前加味精、白糖和剩余的盐，炒匀后出锅。收汁的时候尽量收干一点，使菜品易于保存。

🔖 大厨美味重点：火候很重要

冷吃牛肉的调料很简单，但是做好也不容易，要非常注意火候。卤牛肉时火候要够，炒牛肉的时候则要注意将水分炒干。

No.16 开水白菜

美食推荐人：任福奎

第一批川菜特一级厨师

曾任奥地利四川饭店厨师长和美国纽约四川饭店厨师长

开水白菜是一道快要失传的精华菜品。它是最高级的清汤菜，于平凡处见不平凡，是一种奇思妙想，好多人就制不出这个汤。开水白菜在川菜的汤菜中算是巅峰了。

开水白菜是四川名菜，相传是由川菜名厨黄敬临创制的。黄敬临在清宫御膳房当厨时，不少人认为川菜非麻即辣，很粗俗，登不得大雅之堂。为了给川菜正名，黄敬临冥思苦想且多番尝试，终于创出了开水白菜。这道菜品相极简，味道层次却极为丰富，看似极简，实则极繁。黄敬临终于成功为川菜正名，让大家知道川菜也可以很精致。后来这道菜经由川菜大师罗国荣发扬光大，成为国宴上的精品。

开水白菜的奥妙与精华就在看似开水的清汤上。它看似朴实无华,却尽显制汤功夫。

开水白菜取的是白菜的芯。白菜芯的筋一定要撕掉,以免吃起来塞牙。撕掉筋后的白菜芯要先入开水氽一下,氽好后再用冷水浸泡,如果不用冷水浸泡就会有异味。

制作开水白菜的关键环节是制汤。熬汤时要用到火腿、老母鸡、鸭子、肘子,无火腿汤不美,无鸡汤不鲜,无鸭汤不香,无肘子汤不浓。汤要熬两三个小时。吊汤相当考验厨师的手艺,食材各有各的味道,要在熬煮过程中融在一起。待汤熬制好后,就需要将火腿、老母鸡、鸭子、肘子捞出来。

这么多东西混合在一起,汤难免有些油腻,无法达到开水那样的清澈程度,而开水白菜的底汤是如开水般至清无比的。从高汤变为开水,这其中有个神奇的步骤——用肉蓉清汤。

我们需要取精瘦肉，剁成肉蓉，加适量清水调成粥状，分3次放入熬好的汤中，中小火，让肉蓉在汤中慢慢散开，每一次都要待肉蓉浮起后用小漏勺将其捞净。肉蓉倒入锅中是为了吸附杂质，肉蓉入锅后要全程用小火，让汤保持似沸非沸的状态，汤的杂质就会全部附到肉上。同时，肉的鲜味也能融入汤中。反复3次之后，锅中原本略浊的高汤就会如开水般清澈了。制作肉蓉一定要用精瘦肉，一点儿肥肉都不能有，有肥肉的话，做好的汤里面就会全是油。

开水白菜这道菜的奥妙之处就在那清澈似水的高汤上。它看似朴实无华，却尽显烹饪功夫，彻底地颠覆了吃货们对川菜的认知。

开水白菜

食 材

主料：白菜芯若干 / 火腿 200 克 / 老母鸡 1000 克 / 鸭肉 500 克 / 猪肘 1000 克 / 猪肉（全瘦）1500 克

调料：葱 20 克 / 姜 20 克 / 料酒 100 克

做 法

❶ 白菜芯四等分，撕掉菜筋。葱切段，姜切片。

❷ 锅里倒入清水，煮沸后将处理好的白菜芯放入，汆一下。

❸ 汆好的白菜芯过冷水后捞出，挤出多余的水分，放在干净的碗中备用。

❹ 重新取一口锅，锅中倒入清水，待水快沸腾时，将洗净的火腿、老母鸡、鸭肉、猪肘放入锅中，再加入姜和葱，烧开后加料酒，转小火。

❺ 小火慢熬 3 小时，熬制过程中需将汤渣、浮油捞出。

❻ 在熬汤的同时，将瘦猪肉剁成蓉，加适量清水调成粥状，分成 3 碗待用。

❼ 待高汤熬好后，将火腿、老母鸡、鸭肉、猪肘捞出。

❽ 在汤中放入适量肉蓉搅匀，转中小火，待其慢慢散开。肉蓉浮起时，用小漏勺捞净肉蓉。此过程重复 3 次。

❾ 最后一次捞出肉蓉之后，要把锅里的清汤彻底隔渣、去油，让汤色明澈如水。

❿ 将做好的清汤舀 1 勺，倒入放白菜芯的碗中，表面覆上保鲜膜，入锅蒸 2~3 分钟。

⓫ 将蒸好的白菜芯从碗中捞出，放入另一个干净的碗中，再在碗里盛入之前做好的清汤，即成。

🔪 大厨美味重点：用肉蓉吸附杂质，让汤色明澈如水

肉蓉倒入锅中可以吸附汤中的杂质。反复 3 次加肉蓉之后，锅中原本略浊的高汤就会如开水般清澈。但要注意一定要用精瘦肉，一点儿肥肉都不能有，否则汤里面就会全是油。

No.17 宫保鸡丁

美食推荐人：黎云波
川菜烹饪大师
国家高级烹调技师

宫保鸡丁在清朝的时候就有了。宫保鸡丁的味道属于川菜24味型中的荔枝味，入口瞬间先是荔枝般的酸甜，故名为荔枝味。不过，其酸甜之外还回麻带辣。

"宫保"并不是一种烹饪方法，而是一种官衔。那么，菜名中为何有官衔的名称呢？要说明白这个问题，就得介绍一下晚清名臣——丁宝桢。他为官政绩卓著、深得民心，去世后被追封为太子太保——宫保之一。相传，他的家厨创造了一道用鸡丁、干辣椒、花生米爆炒而成的美味佳肴，后由于好吃，这道菜逐渐流传开来。人们为了纪念丁宝桢，取其官衔入菜名，将这道菜定名宫保鸡丁。

宫保鸡丁色泽棕红,鸡丁滑嫩,整盘菜吃完后,盘中只见红油不见汁。

关于宫保鸡丁的主料选择有鸡胸派和鸡腿派之分。其实,鸡胸肉是次次之选,虽然看上去更有型,但它又柴又老,口感不好且难入味。现在的川派厨师中还是选用鸡腿的多。鸡腿经常活动,鸡腿肉是活肉,所以口感较好。正宗的宫保鸡丁要求选料要选仔公鸡。需要给鸡腿去骨,然后斩断筋络,并且用刀将肉拍松,便于入味,最后再切成丁。腌制鸡肉时,要加一点儿水,有水分肉才细嫩。另外还要加酱油、盐、水淀粉,抓匀。

下面就该处理配料和调料了。花生米用盐炒过备用,干辣椒切小段,大葱切丁,生姜、大蒜切片。接着,就是兑碗芡,会用到盐、白糖、料酒、醋、酱油、生抽、水淀粉、高汤。糖和醋的比例是相当关键的,1勺糖配1.5勺醋。另外,盐也要加够,荔枝味是酸甜中带咸,若是咸味不够,就成了糖醋味了。

主料、配料和碗汁都弄好了，就该开火炒菜了。这道菜要用菜籽油和猪油混合炒制，才够香。油温达六成左右时依次下鸡丁、干辣椒、花椒、姜片、蒜片，锅中食材呈棕红色的时候，下葱白，倒入兑好的碗汁，用炒勺推转均匀，起锅前下花生米和葱叶，翻炒几下就起锅装盘。整个炒制过程仍旧是急火快炒，鸡丁下锅后只要几十秒就必须起锅，不然鸡肉就容易老。

宫保鸡丁这道菜色泽棕红，鸡丁滑嫩，整盘菜吃完后，盘中只见红油不见汁。入口的时候先会感觉到酸，然后再感觉到甜，甜中带咸，咸鲜中还回麻带辣，令人回味甚久。

宫保鸡丁

食 材

主料：鸡腿肉 300 克／花生米 50 克

调料：酱油 5 克／盐适量／水淀粉 25 克／白糖 10 克／料酒 10 克／醋 15 克／生抽 10 克／高汤适量／干辣椒 25 克／花椒 10 粒／葱 15 克／姜 5 克／蒜 5 克

* 用油说明：需准备菜籽油和猪油，适量即可。

做 法

❶ 鸡腿肉切成丁。

❷ 花生米放入锅中，加盐，炒一下。

❸ 葱白和葱叶分开，分别切小段；姜和蒜去皮，切成片。

❹ 干辣椒去蒂，切成小段。

❺ 盛放鸡肉的碗里加入少许清水，再加入 2 克酱油和少许盐，放入 15 克水淀粉，抓匀。

❻ 白糖、料酒、醋、剩余的酱油、生抽、剩余的水淀粉、少许盐、适量高汤混合，拌匀。

❼ 锅里放入猪油和菜籽油，烧至六成热时，放入鸡丁、干辣椒、花椒、姜、蒜，大火快炒。

❽ 炒成棕红色时再放入葱白、步骤 6 兑好的碗汁，炒匀。

❾ 起锅时下花生米和葱叶，翻炒几下后装盘。

🥄 大厨美味重点：急火快炒

炒制全过程都要急火快炒，如果火小了，鸡肉就容易老。鸡丁下锅后炒的速度一定要快，几十秒后就要出锅。

No.18 水煮牛肉

美食推荐人：童 逊
中式烹调高级技师
中国烹饪大师
亚洲美食文化推广大使

水煮肉片这道菜在全世界知名度很高，是川菜中重麻辣的典型。水煮类菜肴有很多演变菜，比如水煮牛肉、水煮肉片、水煮鱼肉等。

水煮牛肉这道菜为何取名"水煮"呢？据说，此菜始创于民间，最早是小河帮创造的。川菜分为上河帮川菜、下河帮川菜、小河帮川菜。小河帮川菜是指流行于四川自贡、内江等地的菜系。四川自贡素以生产井盐而闻名，生产井盐离不开采卤，就是将卤水从井下开采出来。当时采卤是用牛作牵引动力的。在日复一日的劳作中，不断地有牛被淘汰，盐工们就用自己制取的食盐加上花椒煮食牛肉，这就是最早的水煮牛肉。

水煮牛肉汤红油亮，看上去红红火火，煞是好看。

烹制水煮牛肉，最好选用牛臀肉。由于牛长时间都在运动，牛臀这个部位的肉比较活，而且含筋量不高，所以口感特别有弹性。牛肉片要切成0.2厘米厚的片，然后依次加盐、料酒、姜葱水、蛋清和水淀粉，抓拌均匀。姜葱水可以起到去异增香的作用。这里分享个小诀窍，就是在姜葱水里加小苏打水，小苏打水呈弱碱性，能让牛肉变得滑嫩。

加腌料的过程中一定要不断抓拌，这相当于在给肉片做按摩，起到让组织变松软的作用。水淀粉要调得浓稠一些，这样一来沾有水淀粉的牛肉入锅之后，锅中的汤汁就会变浓稠。所有腌料都加完并拌匀之后需要腌制10分钟。

水煮肉片是有垫底菜的。这里选用莴笋尖、芹菜节、蒜苗节作垫底菜，芹菜和蒜苗都是提香的。我们需要把垫底菜都放入油锅炒香，然后加盐调味。炒好的垫底菜自然是要盛入盘中铺底备用。

水煮类菜肴的底料很关键。炒制底料时应该使用由菜籽油和猪油混合而成的混合油，这样做出来的成菜口感才更滑嫩。菜籽油和猪油烧热后，加入郫县豆瓣酱，炒香后再下姜末、蒜末，再次炒香后再下刀口辣椒炒制，最后加入高汤，熬煮 5 分钟。或许你没听过刀口辣椒这个名字，不知道指的是什么。把干辣椒炒至香脆后，放在案板上用刀口切成粗末即为川菜调料中的刀口辣椒。

底料熬香之后，就该牛肉片上场了。我们要把牛肉一片片地放入锅中。只要之前腌制牛肉时加的水淀粉足够浓稠，那么肉片下锅之后，由于淀粉糊化，锅中的汤汁就一定会变浓稠。煮一两分钟后，再向锅中加入适量水淀粉，推匀后就起锅、装盘。水煮牛肉勾芡一定要浓，芡浓才味足。

煮好的肉片要倒在炒好的垫底菜上，再依次撒上少许花椒粉、刀口辣椒、蒜末、葱花。接下来就是最后一步——浇淋热油。我们要向锅中加油，油温达到七成热时，将热油浇在肉片上，连浇 3 下。业内人士将此称为 3 滴水，第一次浇油增香，第二次浇油提色，第三次浇油则把油的脂香味赋予肉片。

做这道菜，火候很关键。牛肉下锅后煮约 1 分钟就要加水淀粉，推匀后立即起锅。牛肉煮久了就会老，咬不动。而火候没到，牛肉就不会熟透，不易被人体消化吸收。

水煮牛肉

食 材

主料：牛臀肉 250 克 / 青笋尖 100 克 / 芹菜 50 克 / 蒜苗 50 克

调料：蒜 10 克 / 葱白 50 克 / 葱叶 50 克 / 姜 100 克 / 小苏打水 30 克 / 盐 5 克 / 料酒适量 / 蛋清适量 / 水淀粉 5 克 / 郫县豆瓣酱 100 克 / 刀口辣椒 50 克 / 高汤 500 克 / 味精 5 克 / 花椒粉 5 克

* 用油说明：需准备 50 克菜籽油和 50 克猪油。

做 法

❶ 洗净的牛肉切成 0.2 厘米的薄片装盘，青笋、芹菜和蒜苗切段。

❷ 葱白切丝，葱叶切碎；一半姜拍松，一半姜切末；蒜切末。

❸ 葱白丝和拍松的姜块放入清水浸泡，制成葱姜水。葱姜水中加入小苏打水。

❹ 牛肉片中加 2 克盐、料酒、葱姜水、蛋清、2 克水淀粉，每加完一种腌料都要用手抓拌一会儿。

❺ 所有腌料都加完并拌匀之后腌制 10 分钟。

❻ 锅里倒油，油热后将切好的青笋、芹菜、蒜苗放入锅中爆炒，加剩余的盐，炒好后盛出备用。

❼ 锅里倒入 50 克菜籽油，油热后下 50 克猪油，再次烧热后加入郫县豆瓣酱炒香。

❽ 下姜末、2 克蒜末，再次炒香后下一部分刀口辣椒炒制。

❾ 加入高汤，熬制 5 分钟。

❿ 将腌好的牛肉片一片片地放入熬制好的底汤。

⓫ 牛肉下锅后煮一两分钟，再向锅中加入味精和剩余的水淀粉。

⓬ 推匀后起锅，倒入盛有垫底菜的盘中，再在肉片上依次撒上花椒粉、剩余的刀口辣椒、剩余的蒜末、葱叶碎。

⓭ 锅里烧油，油温达到七成热时将烧热后的油浇在肉片上，连浇 3 下。

🍴 大厨美味重点：水煮牛肉要芡浓、味厚、肉嫩

　　腌制牛肉的水淀粉要足够浓稠，这样在沾有水淀粉的牛肉入锅之后，锅中的汤汁就会变浓稠。煮一两分钟后，起锅之前要再向锅中加适量水淀粉勾芡，芡浓才味足。

　　做这道菜，火候也很关键。牛肉下锅后煮约 1 分钟就要加水淀粉，然后推匀就立即起锅。牛肉煮久了就会老，咬不动。但若火候没到，牛肉就不会熟透，不易被人消化吸收。

No.19 回锅肉

美食推荐人：曹帅学
成都市万重锦川菜馆行政总厨

回锅肉作为传统川菜广受民众喜爱，在川菜中的地位也非同一般。在四川，家家户户都会做这道菜，但要炒好却很不容易，制作过程中有很多细节需注意。这些细节很重要，直接决定了这道菜的成败。

相传回锅肉起源于清末，由一位翰林发明，可谓历史悠久。所谓回锅，就是需要进行二次烹调的意思，制作回锅肉需要将肉放入锅里煮后再下炒锅炒至呈灯盏窝状。按照传统做法，烹制回锅肉必须用到甜面酱，甜面酱在菜里起到解腻的作用，可使肥肉吃起来香而不腻。现在有的甜面酱不甜，很多厨师会在调料中加一味白糖以增加甜味。

回锅肉色泽红亮,入口肥而不腻,并且能吃到浓郁的蒜苗清香味,是下饭的首选菜肴。

回锅肉的选料十分讲究,传统回锅肉是使用二刀肉来制作。二刀肉的特点是肥瘦相间,不易分离,容易定形。首先,我们要把肉清洗干净,然后下锅氽水,氽水时锅中需加姜、葱、料酒、少许花椒,作用是去腥解腻,让做出来的回锅肉没有腥味。肉要小火慢煮10~20分钟,一般煮到七分熟就可以了,这样后续炒的时候很容易将肉煸成灯盏窝形状,肉的口感也比较好。在氽水过程中别忘记不断撇去浮沫。

肉片打卷、呈灯盏窝状是回锅肉的特点之一。要想炒出这样的肉片,就要在切肉时控制肉片厚度。将肉片切成0.2厘米左右的厚度比较合适,如果太厚的话在煸炒的过程中不容易打卷。煮好的肉切开以后,还能看到肉里面有淡淡的红色,就说明达到了七分熟。

切好的回锅肉放入油锅后要不断翻炒,使其受热均匀,在煸炒的过程中，回锅肉的油被煸炒出来，肉片就会慢慢卷起来。肉片打卷以后，再加入豆豉、郫县豆瓣酱，豆豉的作用是提香，而郫县豆瓣酱炒香之后能够增加回锅肉的颜色和咸味。豆豉和豆瓣酱炒香后还要再加入甜面酱、白糖，甜面酱可增香去腻，白糖则使菜品更加柔和。起锅前要迅速加入蒜苗快速翻炒均匀。炒蒜苗也要注意火候，蒜苗要炒熟但不可炒至发蔫。

炒制回锅肉一定要一锅成菜、一气呵成。成菜色泽红亮，入口肥而不腻，并且能吃到浓郁的蒜苗清香味，是下饭的首选菜肴。

回锅肉

食 材

主料：猪肉 500 克／蒜苗 150 克

调料：姜 15 克／葱 20 克／料酒少许／花椒 10 余粒／盐 1 克／豆豉适量／郫县豆瓣酱 50 克／
甜面酱 25 克／白糖 20 克

* 主料选择二刀肉，肥瘦相间，不易分离，容易成形。

* 蒜苗以粗细适中为佳，过细则火候难以掌握，不能保证口感脆嫩。

做 法

❶ 葱切段，姜切片，蒜苗洗净后切段。

❷ 猪肉洗净，放入水中，下姜片、葱段、料酒和花椒，大火煮。

❸ 锅中水开后小火煮 10～20 分钟，在煮肉的过程中撇去浮沫。

❹ 猪肉煮到七分熟时捞出。

❺ 焯过水的猪肉切成 0.2 厘米厚的肉片，装盘备用。

❻ 锅里倒少许油，烧至六成热时下切好的肉片，加盐。

❼ 炒至肉片出油且打卷时，依次放豆豉、郫县豆瓣酱，炒香后再加入甜面酱、白糖，炒匀。

❽ 起锅前迅速加入蒜苗，快速炒匀后起锅装盘。

🍴 大厨美味重点：调味的秘密

传统回锅肉在烹制时需要用到甜面酱，甜面酱在菜里可起到解腻的作用，使肥肉吃起来香而不腻。现在有的甜面酱不甜，为了增加甜度，可加点儿糖。

另外，有的菜谱中还提到要加酱油，那是以前的事儿了。以前的郫县豆瓣酱不像现在这么咸，所以需放点儿酱油提味，现在再加酱油的话，菜就会过咸。

苗家酸汤鱼

No.20

美食推荐人：赵朝仙

苗寨人，在苗寨生活了一辈子

贵州人喜欢酸酸辣辣的味道，以至于"三天不吃酸，走路打倒蹿"的老话在每个贵州人那里都能听得到。如果到贵州旅游，想吃当地特色美食，酸汤鱼一定是首选。

贵州酸汤鱼源自黔东南，提起贵州酸汤鱼，就绝对绕不过凯里，这里是苗家酸汤鱼的故乡。从有人住在这里开始就有酸汤鱼了，在凯里每个人都会做酸汤鱼。他们祖祖辈辈在这里生活，每一代人都是按照原始工艺做酸汤鱼，这道美食就这样一辈一辈地流传至今。苗家酸汤鱼的特色在于用料。做酸汤用的番茄必须选用贵州独有的番茄——毛辣果。

苗家酸汤鱼选用贵州特有的番茄烹制，底汤颜色鲜红，令人视之则食欲大振。

毛辣果是贵州本地产的一种番茄，体型小，酸味很正，可以生吃。不过，生吃会让人酸得五官都皱成包子褶。千万别因为它生吃太酸而嫌弃它，若不是使用这种产自贵州的果实，那就不是地道的酸味了。采摘回来的毛辣果需洗净、晒干，和姜、蒜一起放入坛子，加点儿盐，再放点儿自家酿的纯米酒（可以让酸味更纯），腌制 10 天才可以食用。

酸汤鱼中的鱼也不简单，它是采用稻田养鱼的方法养出来的。养在稻田里的鱼肉非常鲜、非常细嫩，甚至鱼鳞都柔软可食。在黔东南的苗家寨里，许多村民做酸汤鱼不去鱼鳞、不去内脏，只去苦胆。除了苦胆之外，其他的全都吃。

在制作酸汤鱼时，苗寨人会加入一种名叫广菜的当地蔬菜，去其叶，取其茎，与鱼合煮。广菜的茎内布满网状小气孔，这些小孔会在烹煮过程中吸收汤汁，令广菜茎变得滋味十足。

另外，苗家酸汤鱼还用到一种绝味香料——木姜子，它是西南地区常用的一种香料，在酸汤中起画龙点睛的提味作用。要尝到好酸汤，木姜子是不可少的。木姜子味道奇特，且气味浓烈，有些从来没接触过它的人，是不太喜欢的。不过，放入酸汤之后，木姜子的本味会被酸汤冲淡，反而变得容易接受了。

采摘回来的毛辣果需洗净、晒干，和姜、蒜一起放入坛子腌制。

No.21 辣子鸡

美食推荐人：王世杰

黔菜大师
中国烹饪大师
中国国际厨师协会副会长

位居贵州美食界第一位的是酸汤鱼，稳居第二的则是这一篇的主角——贵州辣子鸡。辣子鸡当然并不是贵州独有，四川、湖南等地都有。贵州辣子鸡与四川、湖南等地的辣子鸡不同。川菜中的辣子鸡使用的是干辣椒，辣椒很多、鸡肉很少，而贵州辣子鸡是以鸡肉为主，而且是与贵州独有的糍粑辣椒一起炒制而成的。

贵州辣子鸡源于土司时代，既是家常菜，又是宴会上的一道名菜，家家户户都知道。过去，在四川菜谱中有一道贵州鸡，实际上就是贵州辣子鸡。贵州辣子鸡又分很多小门派，比如遵义的辣子鸡、安顺的辣子鸡、兴义的辣子鸡，炒法都不一样。其中最具有代表性的是贵阳辣子鸡，属于香辣味型。

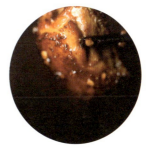

一道上乘的贵州辣子鸡,色泽红艳,外酥里嫩。

贵州辣子鸡的烹饪绝对离不开糍粑辣椒。糍粑辣椒是贵州独具一格的调味品,是向用热水浸泡过的干辣椒中加姜、蒜、盐,捣成糍粑状而制成的。由于制作好的辣椒有黏性,一团一团的,就像糯米糍粑一样,故而得名。制作糍粑辣椒,推荐用遵义辣椒、花溪辣椒混合制作。1 斤干辣椒中只能有 1 两选用遵义辣椒,因为遵义辣椒太辣,花溪辣椒则香味浓郁,而糍粑辣椒的特色恰恰在于香。糍粑辣椒的好处是,经过泡、淘,辣椒的燥味、异味都去掉了。

作为主要食材的鸡要选用自然放养的鸡,一般以 8 个月大的为宜。将鸡切成 6 厘米见方的块,腌制时放盐、白胡椒粉、花椒、香葱、姜、料酒、醪糟、淀粉。醪糟起上色的作用,加醪糟腌制之后，炒出来的鸡肉是红彤彤的。鸡肉腌好之后要放入油中爆炒，必须把水分爆干。因为加了醪糟，所以鸡肉会变红。待鸡肉炒熟，捞出来备用。

糍粑辣椒要入油锅炒香。前面说过贵州辣子鸡是以鸡为主，所以糍粑辣椒不要放太多，1斤鸡加1两糍粑辣椒即可。炒糍粑辣椒时要掌握好油温，油温不要太高。糍粑辣椒表层起小黄泡时就可以放入鸡肉了，然后再加入适量水，水收干后再向锅中加腐乳汁和花椒油。贵州人做辣子鸡都离不开豆腐乳，因为它很香。切记不可加酱油和白糖，加酱油的话会使辣子鸡越炒越黑，颜色不红亮。

调料加完之后，一直翻炒，直至将鸡肉炒酥。贵州辣子鸡要求皮酥肉糯，要滋润不求干香。一道上乘的贵州辣子鸡色泽红艳，外酥里嫩。由于其使用的是糍粑辣椒，辣味虽不像四川辣子鸡那样火爆，却香味绵长，吸引着人一口接一口，欲罢不能。

辣子鸡

食 材

主料: 鸡 500 克 / 糍粑辣椒 50 克

调料: 香葱少许 / 姜 150 克 / 蒜 200 克 / 白胡椒粉 3 克 / 盐 2 克 / 花椒少许 / 料酒少许 / 醪糟 25 克 / 淀粉少许 / 郫县豆瓣酱 15 克 / 藤椒油少许 / 豆腐乳 30 克 / 蒜苗适量

* 选择自然放养的 8 个月左右大的土鸡，口感最佳。

做 法

1. 鸡处理干净、去毛清洗后，切成 6 厘米见方的块。
2. 将香葱打结，一半的姜用刀轻拍几下。
3. 另一半姜切片，蒜苗切段。
4. 豆腐乳加水调成腐乳汁。
5. 鸡块中加盐、白胡椒粉、花椒、香葱、姜块、料酒、醪糟、淀粉，揉匀后腌 20 分钟左右。
6. 锅里倒油，油温六成热时将腌好的鸡肉连同香葱和姜块一起下锅，鸡肉炒熟后捞出，沥油备用，锅内油倒出。
7. 锅入宽油，烧至四成热，下糍粑辣椒，翻炒。
8. 放入蒜瓣、姜片，翻炒一会儿，再加入郫县豆瓣酱提香。
9. 翻炒至糍粑辣椒起小黄泡，加入鸡肉。
10. 锅里加适量的水，将水收干。
11. 向锅里加入藤椒油，再加入腐乳汁，翻炒均匀，加入蒜苗，炒匀即可出锅。

🥄 大厨美味重点: 辣而不猛、香气逼人的糍粑辣椒

贵州辣子鸡的烹饪绝对离不开糍粑辣椒。糍粑辣椒是贵州独有的调味品，制作方法为: 准备花溪干辣椒、遵义朝天椒（1 斤花溪干辣椒搭配 1 两遵义朝天椒），用热水泡 10 分钟左右，再切成段放入石臼内，加姜、蒜、盐后舂捣，直至捣成糍粑状。由于制作好的辣椒碎有黏性，就像糯米糍粑一样一团一团的，故得名糍粑辣椒。

糍粑辣椒不仅有辣味而且还很香，因为糍粑辣椒以辣而不猛、香味浓郁的花溪辣椒为主要原料。

No.22 毛氏红烧肉

美食推荐人：夏小虎
湘菜大师
现供职于毛家饭店发展有限公司

在湖南待久了你就会发现，湘菜并不仅仅是一个"辣"字就能概括的。有一道湘菜，一点儿都不辣，却因毛主席爱吃而闻名天下，那就是毛氏红烧肉。在中国，很多菜系中都有红烧肉，而毛氏红烧肉有一个区别于其他地区的红烧肉的特色——不放酱油。

1914年，毛主席进入湖南第一师范学校学习，该校每周都会做一次红烧肉。据说，从那时起，毛主席就爱上了红烧肉。后来，因毛主席不喜欢吃酱油，为他做菜的厨师程汝明就琢磨出一个办法——用糖色加盐代替酱油为肉着色调味，没想到这样烹制的红烧肉竟然独具风味。从此，绝不用酱油就成了这道名菜的一大特色。

毛氏红烧肉色泽通红，晶莹剔透。

制作毛氏红烧肉必须选用土猪身上的五花肉，这种五花肉肥膘不超过一指宽。我们需要先将五花肉的肉皮那面贴在烧热的铁锅中烙制，然后再将肉切块。红烧肉要吃大块才有感觉，所以肉应切成3厘米见方的块。切好以后再放入锅中焯水，去掉血水以及在烙制过程中产生的杂质。

然后，锅里加油，烧到六成热，将肉块倒入油锅炸一下，炸至肉块颜色稍微变黄时捞起备用。这样能让肉定形，也能将肥肉中的油脂炸出来。

接下来就是很关键的一步——炒糖色。我们知道毛氏红烧肉是不加酱油的，想不加酱油又想给肉上色，就只有靠糖色了。这里推荐用水炒法炒糖色，即将白糖倒入锅中的清水，不停地炒，使糖充分溶解，随着逐步加热，糖汁会逐渐变色，由白色转为牙黄，进而变为红色。待糖汁转为红色的时候，再加入清水，熬至浓稠，糖色就制好了。在这里，糖色不是起调甜的作用，仅仅是为了上色。

锅中倒油，姜拍破，放入锅中，再放干辣椒、桂皮、八角、香叶，煸香后把炸过的五花肉倒进锅里，一起煸炒，把猪肉的油脂煸炒出来，先出油再入味。煸香以后加入糖色，待肉块逐渐变色再加入啤酒增香，大火烧开，调入盐和味精，加入高汤，然后把肉连汤一起倒入砂锅，改中小火慢慢烧制，肉块会越来越红。要烧透、入味，一直烧到肉块软烂、汤汁浓稠。约 40 分钟后起锅摆盘，摆盘后再配上干豇豆。干豇豆能够吸收油脂，有解腻的作用。

成菜色泽通红，晶莹剔透。用筷子夹起来，肉在抖动，稍用一点儿劲就会烂。入口后油而不腻，满口留香，味道非常好。

毛氏红烧肉

食　材

主料：五花肉 750 克／干豇豆适量

调料：白糖 50 克／姜 25 克／干辣椒 5 克／桂皮 5 克／八角 5 克／香叶 5 克／蒜 25 克／香葱 10 克／盐 15 克／啤酒 250 克／高汤 500 克／味精 5 克

* 一定要选土猪身上的五花肉。

做　法

1. 铁锅烧红，把五花肉带皮的一面贴在锅中烙制，起锅后切成 3 厘米见方的块。香葱打结，姜拍松。
2. 锅里加水烧开，把切好的五花肉放入锅中焯水，大火煮开，撇去浮沫，再煮 2 分钟后关火。
3. 锅里倒油，烧到六成热时，将五花肉倒入锅中油炸，待颜色稍微变黄、肉块定形时捞出，沥油备用。
4. 锅里倒入清水，加入白糖，用炒勺在锅里不停地炒动，使糖充分溶解。
5. 锅里的糖汁变成红色的时候，再加入少许清水。
6. 糖汁熬浓后盛出备用。
7. 锅里倒油，放入姜块、干辣椒、桂皮、八角、香叶，煸香。
8. 放入炸好的五花肉、蒜瓣、香葱，继续炒制，将猪肉的油脂炒出来。
9. 加入炒好的糖色，翻炒，让每一块肉都均匀上色。
10. 五花肉呈金黄色时倒入啤酒增香，转大火，烧开后加入盐、味精，倒入高汤。
11. 将锅里的五花肉连汤汁一起倒入砂锅，中小火慢慢熬制，40 分钟后起锅。
12. 制作好的红烧肉盛入盘中。
13. 将干豇豆放入砂锅中的汁水中煮一会儿，然后放在盘中的红烧肉上。
14. 将盘中的干豇豆和红烧肉倒扣出来即成菜。

No.23 八宝葫芦鸭

美食推荐人：赵立立
中华老字号继承人
供职于成都市饮食公司夫妻肺片

八宝葫芦鸭起源于江南地区。制作时先要整鸭去骨，留完整鸭皮，并在鸭皮内填入馅料，再先后经蒸制和油炸两道工序而成。这道菜形如葫芦，鸭肉酥、内馅糯，口感丰富，其最关键的步骤就是用整鸭剔骨的手法取鸭皮，一定要保证鸭皮不破，剔好了之后装水不漏。

八宝葫芦鸭早在清朝乾隆年间就已遍地开花。这道菜名字中的"葫芦"二字来自其造型，据说最早将此菜做成葫芦形状是为了能借葫芦的谐音"福禄"之气。美食无边界，鲁菜、杭州菜、川菜等各大菜系都在做这道传统名菜，但是每个菜系的技法和味型肯定是有差异的。八宝鸭包容着各大菜系的推陈出新。

这道菜名字中的"葫芦"二字来自其造型,据说最早将此菜做成葫芦形状是为了能借葫芦的谐音"福禄"之气。

川菜里的八宝葫芦鸭,是川菜里很经典的味型——椒麻味。制作这道菜一定要选仔鸭,仔鸭的皮要嫩一些。去骨时,首先在脖子上开个小口,然后把气管、食管捋出来,捋出颈骨之后用剪刀剪断。剔掉颈骨之后,就能看到鸭子的胸腔骨了,剔掉胸腔骨,就能看到鸭翅膀。这个部位要特别小心,最容易破损,要慢慢地将筋、肉、骨分开。把2个翅膀的部分处理好以后,背上的骨头自然而然就露出来了,用小刀慢慢地划开,剔到中部的时候就露出了鸭腿,用小刀把背骨连接处断开。

鸭子剔好了以后要清洗干净,加点盐、白胡椒粉,放一点儿花椒,倒入料酒,再放入姜和葱,搅拌均匀,腌30分钟就入味了。

八宝鸭,顾名思义,除了鸭之外,还用了8种不同的食材作内馅——糙米、薏仁、扁豆、山药、糯米、火腿、肉丁、腊肉。

这些食材要全部切成豌豆大小的丁，放入锅中汆水，将部分食材汆熟，目的是去除异味。汆水后的八宝料全部放在一起，然后开始调味——放胡椒粉、少量白糖、盐，再加入几滴花椒油，搅拌均匀。

内馅搅拌均匀后就可以灌入鸭皮了，注意不要灌得太满。灌好之后用针将鸭头固定，取麻绳系在鸭身上，让鸭子呈葫芦形。

前面说过，这道菜的鸭子需先后经过蒸制和油炸两大工序。在蒸制之前要先把鸭子放入加有少许酱油和糖色的水里汆烫约 1 分钟，使其定形，同时给其上色。然后，就可以把鸭子放入蒸锅中蒸了，需要蒸 90 ~ 120 分钟。

蒸完之后就该油炸了。下油锅前要用牙签在鸭皮上面戳几下，让鸭皮均匀受热。油温达到四成热时开始下锅炸，炸好的鸭皮应该是棕红色，看上去就像个葫芦。注意油温千万不能太高。

八宝葫芦鸭的鸭皮是酥脆的，划开以后，里面的杂粮、火腿、腊肉等八宝料的香味扑鼻而来，十分诱人。夹一块入口，八宝料与鸭肉相融合，糯香非常，令人回味无穷。

No.24

松鼠鳜鱼

美食推荐人：黄刚
南京珍宝舫厨师长
曾获中国烹饪美食节金奖

松鼠鳜鱼是淮扬菜中的一道经典名菜。中国的烹饪技法有很多种，简单地说，油烹法有煎、炸、熘、煸等，水烹法有煮、煨、炖等，气烹法只有蒸。还有一些杂类技法，如酿、炝等。这些技法只是一级分类，一级下还有二级分类，比如说熘之下又分软熘、焦熘。松鼠鳜鱼用的就是焦熘法，即先将鳜鱼改刀并腌至入味，再挂上糊，放入热油中炸至外表金黄酥脆，最后将芡汁浇在炸好的鱼上。

松鼠鳜鱼是淮扬菜中的特色菜肴，早在清朝乾隆年间就已经流行了。传说乾隆下江南时，曾在苏州观前街的松鹤楼吃过这道菜，并赞不绝口。从那以后，松鼠鳜鱼更是名声大震，成为中华名菜，并历经两个多世纪的流传演变，保留至今。

浇汁后的松鼠鳜鱼，色泽鲜亮，形似俯卧在地的松鼠。

处理鱼的时候，先把鱼头去掉，用刀贴着鱼骨平片至鱼尾，鱼尾处不切断；再将鱼翻面，继续用刀贴着鱼骨平片至鱼尾，也不要切断鱼尾。这样片完之后，鱼骨就可去掉了。最后，我们还需要把鱼鳍也去掉。

制作这道菜，刀工要细。鱼肉怎样切才能保证造型好看，这是一个难点。我们先要垂直下刀，切至鱼皮处即停，鱼皮不切断，然后再斜切，同样切至鱼皮即停，切完之后鱼肉应呈菱形花，注意鱼皮始终不能切断。这样切好的鱼在炸制之后才有形如松鼠的漂亮造型。

改刀并腌制好的鱼就该下油锅炸了，炸至鱼肉呈金黄色即可，这一步也非常关键。我们知道，焦熘类菜肴必须做到外脆里嫩，而要做到这一点，在整条鱼下锅炸制的时候首先要保证不脱浆。

不脱浆，鱼的外层才能形成完整的焦壳，将内层的水分锁住，保证鱼肉的嫩度。其次，还要注意，外层的壳要炸脆，但不能炸煳。焦熘对油温的要求是非常高的，焦熘的"焦"这一点，很少有人能把它做好。

除了上面讲过的改刀和油炸之外，制作松鼠鳜鱼还有一个工序也很重要，那就是烹制酱汁。烹制酱汁时，油锅中要先放入番茄沙司，再放入白醋、白糖进行熬制。当酱汁变浓时，再放小半勺油，继续熬，熬至酱汁微微浓厚即可。

接下来的步骤就简单了，只需将酱汁浇在炸好的鱼身上，整道菜就完成了。

浇汁后的松鼠鳜鱼，色泽鲜亮，好似俯卧在地的松鼠，吃上一口，你能充分地感受到它的外脆里嫩、酸甜可口。如果端上一盘，保证你能吃到汤汁都不剩！

松鼠鳜鱼

食 材

主料：新鲜鳜鱼 1 条

调料：葱 15 克／姜 20 克／盐 10 克／料酒 15 克／白醋 30 克／白糖 50 克／番茄沙司 120 克／淀粉 75 克／吉士粉 30 克

做 法

❶ 鳜鱼清洗干净，切掉鱼头。葱切段，姜切片。

❷ 用刀沿鱼脊骨两侧平片至尾部（鱼尾处不切断），把鱼骨去掉，再把带血的肉和带刺的肉切掉。

❸ 鱼皮朝下，将鱼肉放在案板上。

❹ 先直刀切至鱼皮处，注意不要划破鱼皮，再斜切鱼肉切至鱼皮，依然注意不要把鱼皮划破，切好后鱼肉成菱形花。

❺ 碗里倒入清水，加入姜、葱、盐、料酒，将改刀好的鱼肉放入碗中，腌 10 分钟左右，去腥。

❻ 用干净的毛巾将鱼肉表面的水吸干。

❼ 让鱼肉表面均匀地裹上淀粉和吉士粉。

❽ 锅里多倒些油，油温约七成热时下鱼肉，注意鱼肉下锅后不能脱浆。

❾ 不断地用勺子舀起热油浇在鱼肉上，鱼肉呈金黄色后捞出摆盘备用。

❿ 取一炒锅，锅里倒少许油，待锅热后放入番茄沙司，再倒入白糖、白醋，熬煮。

⓫ 酱汁开始变浓时，放入小半勺油，熬煮至浓稠。

⓬ 将熬好的酱汁浇在摆好的鱼上即可。

🔪 大厨美味重点：一切一炸间，做出状如松鼠的艺术品

这道菜最复杂之处就是切花刀和将鱼肉下油锅炸时的把控，这是考验厨师的关键。制作这道菜，刀工要细。我们先要垂直下刀，切至鱼皮处即停，保证鱼皮不切破，然后再斜切，同样切至鱼皮即停。切好后的鱼肉呈菱形花。注意，鱼皮始终不能切断，这样切好的鱼在炸制之后才有形如松鼠的漂亮造型。

此外，焦熘对油温的要求非常高，因为焦熘的菜要求外脆里嫩，同时还必须入味。这道菜最关键的就是下油锅，整条鱼下锅以后不能脱浆。

No.25 文思豆腐

美食推荐人：王永健
淮扬菜特级厨师
南京紫金山庄国宾馆行政总厨

江苏一带一直是经济比较发达的地区。经济一发达，人们对生活的追求就越来越高，最终促成淮扬地区餐饮行业的兴盛。淮扬菜刀工精细，讲究突出原料本身特有的鲜味。文思豆腐在淮扬菜中是刀工方面的代表菜。

文思豆腐始于清代，至今已有300余年的历史，是一位法号文思的和尚所创，故而得名。这道菜精美至极，十分讲究刀工，必须将豆腐切成头发般粗细。切好的豆腐丝放入汤中之后，只需用汤勺在汤面轻轻旋转，豆腐丝便会漂浮在水中，根根分明，盘旋舞动，令观者大为震撼。

起锅以后汤色明亮,豆腐丝、香菇丝加上菜叶丝,几种颜色搭在一起相得益彰。

这道菜讲究刀工,制作的时候必须把豆腐切成头发丝粗细。北方的豆腐是老豆腐,切不了丝,无法做文思豆腐,因此我们应选择南豆腐。切的时候注重手法,要用抖刀法,也就是仅用手腕的力量带动菜刀,这样菜刀不会大幅上下移动,而会小幅度地上下跳动,看上去就像是菜刀在抖动。使用这种刀法,技法一定要娴熟,要用手指顶住菜刀,一气呵成,这没有10年以上的工夫是切不好的。另外还要注意,在切的时候要边切边洒水,防止豆腐从中间折断。

全部豆腐切成丝以后放进冷水里,泡一会儿。我们要利用这个时间将配菜也切成头发丝粗细。配菜有3种:香菇、冬笋和小油菜。香菇主要是提味,香菇本身就有特殊的香味。冬笋则是增鲜,而小油菜则主要是配色。香菇和冬笋要先焯水,去掉生腥味。

主料和配料都处理好之后,就该烹调了。锅里加入清鸡汤。这个鸡汤要选用饲养3年以上的土鸡熬煮,熬好以后还要提清——过滤鸡汤中的杂质,提清后的鸡汤如白开水般清澈。然后,在鸡汤中加入香菇丝、笋丝,再勾薄的玻璃芡。芡如果太浓,豆腐丝就散不开。勾芡后放入豆腐丝,并要用汤勺在汤面轻轻旋转,由此产生的离心力会让豆腐丝根根分离,此时再加入小油菜丝,然后继续用汤勺在汤面保持一个方向旋转。转的过程中,锅中仿佛出现一幅极具中国风意境的水墨画。绝对不能用汤勺在汤里捣,一定要柔和地旋转。

起锅以后汤色明亮,豆腐丝、香菇丝加上菜叶丝,几种颜色搭在一起相得益彰。豆腐入口即化,味道也很有层次,有鸡汤的浓郁,有香菇的香味,有笋丝的鲜味,让人回味无穷。

用勺在汤面保持一个方向旋转,锅中仿佛出现一幅极具中国风意境的水墨画。

文思豆腐

食 材

主料：南豆腐 500 克 / 香菇 30 克 / 冬笋 30 克 / 小油菜 30 克

调料：清鸡汤 1000 克 / 盐 5 克 / 水淀粉 80 克

做 法

❶ 刀蘸水防粘，将豆腐切成均匀的薄片，越薄越好。

❷ 将豆腐切成细丝，边切边洒水，防止豆腐从中间折断。

❸ 切好的豆腐放入水中浸泡，醒一下。

❹ 将香菇、冬笋、小油菜菜叶全部切成细丝。

❺ 将切好的香菇和冬笋放入沸水中，焯水后捞出沥水。

❻ 在锅中倒入清鸡汤，加盐，煮沸后下香菇丝、冬笋丝。

❼ 加水淀粉勾芡，待汤汁浓稠后加入泡过水的豆腐丝，用汤勺在汤面轻轻旋转，让豆腐丝分散开。

❽ 加入小油菜，然后用汤勺在汤面依旧保持一个方向旋转，让菜丝也散开即可。

🍴 大厨美味重点：抖刀法切出细如发丝的豆腐丝

要想切出细如发丝的豆腐，就要用抖刀法，也就是仅用手腕的力量带动菜刀，让菜刀小幅度地上下跳动。使用这种刀法，技法一定要娴熟，要用手指顶住菜刀，一气呵成。另外还要注意，在切的时候要边切边洒水，防止豆腐从中间折断。

No.26 盐水鸭

美食推荐人：邓绪鑫
中国烹饪大师
南京市世纪缘集团总厨

　　南京人偏爱鸭肉，所以南京有很多特色美食与鸭子有关，如鸭血粉丝汤等。其中最有代表性的鸭子类菜品当属盐水鸭。在南京，大小饭店，包括星级宾馆，都有这道菜。南京人吃盐水鸭就像广东人吃烧鹅一样，南京每年的鸭子销量达到一亿多只。

　　盐水鸭又被称为桂花鸭，至今已有上千年的历史了。民国文人张通之编写的《白门食谱》记载："金陵八月时期，盐水鸭最著名，人人以为肉内有桂花香也。"

　　盐水鸭选材十分讲究，要用瘦型鸭，这种鸭子肉嫩皮薄。要先在鸭身上切开六七厘米的刀口，放入清水中浸泡清洗，去掉淤

成菜后的盐水鸭晶莹剔透,吃在嘴里满口留香。

血。淤血残留太多就会导致鸭肉不够白,还会有鸭腥味。处理并清洗过的鸭子用活水浸泡,把血水彻底冲洗干净。

接下来,就该炒花椒盐了。想做好盐水鸭,花椒盐是必不可少的。炒花椒盐时,我们会用到桂皮、花椒、盐、八角、姜和葱。葱、姜用来去腥,桂皮、花椒用来增香。炒的时候要慢火。花椒盐要提前炒好,冷却后再使用。

炒好的花椒盐一半装入鸭子内膛,一半均匀抹在鸭子表面,静置腌制 2 ~ 4 小时,夏天时气温高就腌制 2 小时。鸭脯肉和鸭腿肉比较厚,不容易腌透,所以在这两个部位抹上花椒盐后要多按摩几下,有利于花椒盐的充分吸收。

腌好的鸭子入卤水浸泡 40 分钟,而后放在阴凉通风处晾干,使表皮变干燥。盐水鸭的香味主要来自老卤,正宗盐水鸭用的是百年老卤配方,经历了数代人的传承。

晾干的鸭子还需经过最后一步——煮。煮鸭子之前需要在鸭子内膛放入葱和姜,并在锅中放葱、姜、八角,这都是为了去腥。煮时采用焖煮的方法,火不能大。煮到 20 分钟的时候,我们就要把鸭子从水中提起来 1 次,这能让鸭肉更嫩,然后再放入锅中继续煮 20 分钟就好了。将焖煮好的鸭子捞出放在案板上,分切鸭身,从胸部切开,然后切成块状摆盘即可。

成菜后的盐水鸭晶莹剔透,吃在嘴里满口留香。皮薄、肉嫩,这就是经典的南京盐水鸭。

No.27 炖生敲

美食推荐人：王永健
淮扬菜特级厨师
南京紫金山庄国宾馆行政总厨

在江苏一带，鳝鱼是主要的食材之一，在淮扬菜中甚至有全鳝席。今天介绍的这道炖生敲是民国时期的南京四大名菜之一。

据说炖生敲已经有300多年的历史了，其最早出现的年代已不可考，还一度失传，后来在"金陵厨王"胡长龄的努力下才得以复原。著名学者吴白陶教授对其倍加赞赏，曾咏诗道："若论香酥醇厚味，金陵独擅炖生敲。"这道菜选用的食材虽然是我们生活中常见的鳝鱼，但制作起来却很是麻烦，要活杀新鲜的鳝鱼，用木棒在背部依次敲击，后入油炸再炖制。菜名中的"生敲"二字即得名于敲击这一动作。

我们现在讲究营养均衡,可在摆盘时加上菜芯以及蒸好的鸽蛋,搭配黄鳝。

主料要选择4两左右的野生鳝鱼,杀过以后,再用木棒逐段细敲,敲散鳝鱼肉的纤维组织,防止肉质发僵,同时使肉更易入味。敲过的鳝鱼剔骨以后切成段。除了鳝鱼,我们还要用到五花肉,主要用以提供油脂和胶质。最好选择黑猪的五花肉。五花肉需要切成片,改花刀,即在靠近肉皮一边竖切几刀,这样既美观又能让肉片更易入味。

锅里多倒些油,先把鳝鱼放入,炸一下,让鳝鱼外层起壳定形,防止鳝鱼在后续炖的时候散掉,同时也让它容易吸收汤汁的味道。

另起一锅,倒适量油,下葱、姜、蒜煸香,然后倒入切好的五花肉,把五花肉的油脂煸出,使其口感肥而不腻。五花肉煸过以后,在加入高汤炖的时候就会有一个油脂乳化的过程,使汤汁变黏稠、醇厚。

煸过五花肉，就要加各种调味料和高汤，然后就该把鳝鱼放进去炖了。鳝鱼有粗有细，所需的炖煮时间也不同，这就到了考验厨师对火候的把握的时刻了。做这道菜最讲究的是火候。一定要炖得刚刚好，火候过一分肉老，少一分则汤寡。淮扬菜烧菜是不勾芡的，基本上全靠收汁。收汁至主料越来越有光泽感。汤汁基本上变黏稠的时候就好了。

我们现在讲究营养均衡，可在摆盘时加上油菜芯以及蒸好的鸽蛋，搭配鳝鱼。鸽蛋蘸着汤汁吃，比平常吃的更有营养，口味更加丰富。不过这都是锦上添花，这道菜的关键还在于五花肉与鳝鱼的结合——本来是风马牛不相及的食材，却碰撞出了令人惊艳的美妙滋味。

炖生敲

食 材

主料: 野生黄鳝 200 克 / 五花肉 100 克 / 鸽蛋 1 个 / 油菜芯 1 个

调料: 葱 20 克 / 姜 20 克 / 蒜 30 克 / 料酒 10 克 / 盐 2 克 / 味精 2 克 / 酱油 5 克 / 白糖 3 克 / 高汤 400 克

做 法

❶ 野生黄鳝活杀后用木棒逐段敲击,将其纤维组织敲散。

❷ 葱切段,姜切片,蒜拍松。

❸ 将敲打好的黄鳝剔除骨头并切掉鱼头,剩余部分切成段。

❹ 将五花肉切成片状,并改花刀。

❺ 锅里倒油,待油热后放入切好的黄鳝,油炸至起"芝麻花"后捞出沥油。

❻ 另取一锅,锅里倒油,加入葱、姜、蒜煸香,然后再倒入切好的五花肉,把油脂煸出。

❼ 在油锅中倒入料酒,翻炒一会儿后加入酱油,炒至五花肉呈金黄色。

❽ 加入高汤和油炸过的黄鳝,小火炖至鳝肉发松,加入盐、味精、白糖焖制。

❾ 小火收汁,焖至汤汁黏稠即可。

❿ 将炖好的黄鳝装盘,淋上汤汁。

⓫ 盘中放上蒸好的鸽蛋和煮好的油菜芯,作配菜。

🥄 大厨美味重点: 名敲暗炖

就炖生敲而言,考验厨师技艺的,并不只有"敲",还有在暗处起决定性作用的"炖"。要把一锅高汤炖到色泽金黄、醇香入味,且还要保证鳝鱼的肉不老,火候的拿捏是最关键的。过一分肉老,少一分汤寡,要做到刚刚好的确非常考验烹饪师傅的技术。

No.28 拆烩鲢鱼头

美食推荐人：吴国勇
淮扬菜烹饪大师
淮扬菜非物质文化遗产传承人薛泉生的弟子

提起淮扬菜，很多人都知道扬州有"三头"：第一个"头"是扒烧整猪头，第二个"头"是清炖狮子头，还有第三个"头"就是拆烩鲢鱼头。现实来看，人们最喜欢吃的还是拆烩鲢鱼头。今天我们就来聊一聊拆烩鲢鱼头这道菜。

在中国传统的四大菜系中，"鲁"是贵族菜，"扬"是文人菜，"川"是百姓菜，"粤"是商人菜。文人菜，就一定要有文化的讲究。《礼记》里有一句话叫"毋啮骨"，也就是不要啃骨头的意思，饭桌上捧着骨头，大快朵颐地啃，这很狼狈。文人就会想，既然"毋啮骨"，那我就给你去了骨。所谓

拆烩鲢鱼头，就是用拆骨后的鱼头烩制的菜肴。

拆骨的时候要小心,用手轻摸,就能将鱼骨全部挑出。

拆烩鲢鱼头要选用 6 斤重的大鱼头,一剖两半,先放入水中,加姜、香葱、料酒,小火煮 25～30 分钟后捞出,入冷水浸一浸,再开始拆骨。先拆大的骨头,再拆小一些的骨头。拆骨的时候要小心,用手轻摸,就能将鱼骨全部挑出,这样基本可以保持鱼头的完整。

拆烩鲢鱼头的味道,主要来自烩的过程。我们要先用姜、香葱炝锅,炝锅时要用猪油,因为猪油的口感要肥厚一点儿。炝锅后,加高汤,轻轻地放入鱼头,再加入虾籽、盐、火腿片、冬笋片、冬菇以及少许螃蟹油。虾籽用来提鲜,盐则是调味的。

烩菜是连汤带菜一块儿吃的,汤必须有一定的浓度。所以,加入虾籽等之后,我们需要将其烩煮 15～20 分钟,起锅前加入胡椒粉。注意一定要在起锅前放胡椒粉，放早了的话，胡椒的香味就会挥发掉。

烩好就可以装盘了。这道菜的汤汁黏稠，既可以单独喝，也可以泡饭吃。其中最好吃的部分，就是眼窝和鱼唇，这两个部位胶质丰富，吃起来滑滑的。

对于拆烩鲢鱼头，我们有这么几个要求：第一，鱼头形状必须保持完整，讲究"扒烂脱骨而不失于形"；第二，一定要连汤带菜。这样的成菜汤汁稠白、鱼肉肥嫩鲜美，堪称淮扬菜一绝。

拆烩鲢鱼头

食材

主料：新鲜鱼头 3000 克 / 火腿片 80 克 / 冬笋片 80 克 / 冬菇 80 克 / 上海青 100 克

调料：香葱 30 克 / 姜 30 克 / 料酒 40 克 / 虾籽 15 克 / 盐 30 克 / 螃蟹油 65 克 / 高汤适量 / 胡椒粉 10 克

* 用油说明：需准备 50 克猪油。

做法

❶ 将鱼头剖成两半。香葱打结，姜切片。

❷ 鱼头放入水中，加入一部分姜和一部分香葱，倒入料酒，小火煮 25 ~ 30 分钟后捞出，放入冷水浸泡。

❸ 浸好的鱼头放入盘中，用手轻摸，按照先大骨后小骨的顺序将鱼骨头全部挑出。注意保持鱼头完整。

❹ 锅中倒入 50 克猪油，油热后放入剩余的姜、剩余的香葱炝香，再倒入高汤。

❺ 高汤煮沸后将鱼头放入锅中，加入虾籽、盐。

❻ 加入火腿片、冬笋片、冬菇，加入螃蟹油，小火煮 15 ~ 20 分钟。

❼ 起锅前放胡椒粉提味，再放入上海青，煮一会儿后出锅装盘即可。

🍴 大厨美味重点：小心拆骨、精心烩煮

拆骨和烩煮是制作这道菜很重要的两步。拆烩鲢鱼头的第一要点就是"扒烂脱骨而不失其形"。应该先拆大的骨头，再拆小一些的骨头。拆骨的时候要小心，用手轻摸，慢慢将鱼骨全部挑出，注意保持鱼头的完整。烩拆烩鲢鱼头的第二要点就是"烩"。这道菜的味道主要来自烩的过程，而且由于烩菜是连汤带菜一块儿吃，对汤汁浓度的要求也很高。汤必须有一定的浓度，因此在烩煮时需要小火烩煮 25 ~ 30 分钟，至汤汁稠白。

No.29

蟹粉狮子头

美食推荐人：陈四长

淮扬菜烹饪大师

淮扬菜非物质文化遗产传承人薛泉生的弟子

狮子头这道菜全国各地都在做，但实际上起源于扬州。扬州的烹饪文化有这么一个精神内核——虽由人作，宛自天开，平中出奇，淡中出味，怪中出雅，它几乎贯穿所有的扬州名菜。作为淮扬菜的代表之一，狮子头也大有文章。它用到的食材不多，主料就是猪肉和螃蟹肉，却是道极其考究的菜肴，其选材、刀工、火候的把握都是有一定标准的。

据传，蟹粉狮子头始于隋朝，其前身是一道名为葵花斩肉的菜，是当年的御厨应隋炀帝的要求，在扬州名厨的指点下费尽心思研究出来的菜品。后来，到了唐代改名为蟹粉狮子头。如此说来，这道淮扬名菜已有上千年的历史了。

真正上好的狮子头柔嫩圆整,摇动的时候不散不碎。

先说选料。做这道菜,最好是选用靠近猪肋骨的五花肉,六成肥肉、四成精瘦肉,由于肥肉多,口感更嫩。切肉时,将肉皮切下备用,再将肉切成黄豆大的丁。切好的肉丁中加入姜末、葱花、虾籽、蟹肉、黄酒、水和少许水淀粉,顺着一个方向搅拌。这里加水淀粉是为了更容易将肉丁糅合在一起。搅拌肉馅的时候一定要顺着一个方向,不要来回搅。搅拌一会儿之后加盐,然后抓起来摔打肉馅,直到上劲。接下来就要把肉馅分成一个一个的小肉团,再点缀上蟹黄。

熬煮底汤时要同时使用排骨和猪皮,二者互补。排骨肉香较浓,猪皮胶原蛋白比较丰富,能让底汤淡而不薄,有粘口的感觉。

制好的肉丸放入底汤中,先中火煮开,再取白菜叶子,盖在肉丸上,这样肉丸上部就不会太干。接下来就要改小火,慢炖150分钟以上即可。

真正上好的狮子头柔嫩圆整,摇动的时候不散不碎,还会有一种类似蒙古舞中碎抖肩的动作,这叫"狮子甩水"。蟹粉狮子头入口后不要直接用牙咬,而是要用舌头向上腭顶去,肉在嘴里会像雾一样化开,令人齿颊留香,回味无穷。

蟹粉狮子头

食 材

主料:五花肉 800 克 / 排骨 250 克 / 猪皮适量 / 白菜叶适量 / 蟹黄 50 克 / 蟹肉 125 克

调料:虾籽 1 克 / 姜末 30 克 / 葱花适量 / 黄酒 100 克 / 水淀粉 25 克 / 盐 15 克

做 法

❶ 将五花肉切成黄豆大的丁,加入姜末、葱花、虾籽、蟹肉、黄酒、水淀粉,加适量水,顺一个方向搅拌,将肉馅糅合在一起。

❷ 加盐,然后摔打肉馅,直到上劲。

❸ 把肉馅分成若干个小肉丸,整形成圆形。

❹ 分别点缀上蟹黄。

❺ 排骨和猪皮都放入锅中,加适量水,熬煮底汤。

❻ 肉丸放入熬好的底汤中,中火煮沸。

❼ 将白菜叶盖在肉丸上。

❽ 改小火,慢炖 150 分钟以上即可。

🥄 **大厨美味重点:煮汤时要同时放排骨和猪皮**

排骨和猪皮互补,排骨肉香较浓,猪皮胶原蛋白比较丰富,能让清汤淡而不薄,有粘口的感觉。

No.30 担担面

美食推荐人：曾才东
四川省蜀荟食品有限公司董事长

担担面是中国十大名面之一，是四川传统面食小吃。面条由手工擀制而成，筋道滑爽，味道咸鲜麻辣，深受大家的喜爱。

担担面有上百年历史了。这个面最初是用担子挑着卖的，担子的一头是锅，可以下面条，另一头则放着调料，故而得名"担担面"。担担面要达到麻辣鲜香，制作红油时的选料很关键。我们使用的辣椒面是由3种干辣椒混合制成的，一种是"新一代"，一种是"子弹头"，还有一种"二荆条"，比例是三成"新一代"、三成"子弹头"、四成"二荆条"。最主要的还是"二荆条"。

面条盛入碗中之后，上面还要撒上脆臊、碎花生米、葱花，佐料十分丰富。

红油的做法也很讲究。首先向锅中倒入纯菜籽油，下姜、葱炸制，让姜和葱的味道进入油中，姜、葱颜色变黄时把它们捞出。锅中的油继续加热，油温达到200℃时，将三分之一的油浇在辣椒面上，剩余的油降到120℃再浇在辣椒面上。刚做好时，这个红油还不能使用，隔日之后才可使用。

制作担担面，有3个佐料也是很关键的，第一是脆臊，第二是芝麻酱，第三就是芽菜。这三者都有自己的讲究。不同于一般的肉臊，担担面的臊子要求酥香，所以我们要把切好的五花肉放入油锅炒至水分全干、颜色金黄才可以。臊子捞出后，剩下的油留着，在调制底料时使用。下面再来说说芝麻酱。芝麻酱要加香油调制，香油和芝麻酱的比例是1:1，调匀就可以了。最后就是芽菜了，芽菜一定要用宜宾的碎米芽菜，要把水分炒干后才能使用。

红油、面条和佐料都有了，剩下的步骤就简单了：调制底料和煮面。先要调制底料，如果说肉臊是担担面的精髓，那么底料就是担担面的灵魂了。调制底料时，我们需要在碗里依次放入红油、猪油、酱油等。注意放红油时不能只掺入油，里面的辣椒也要一并加入。

进行到这一步，就只剩煮面了，马上就要大功告成了。担担面的面条要选用二粗的棒棒面，这种面条做出来的口感是最佳的。担担面要求面的口感稍微硬一点儿，一般来说面条煮 1 分钟就可以了。面条捞出后，直接放入盛有底料的碗中，上面再撒上肉臊、碎花生米、香葱碎，一碗香气扑鼻的担担面就做好了。

担担面不像其他面，它就是每碗 1 两面，正常情况 4 口就可以吃完一碗。担担面的味道主要就是麻辣鲜香，面条挑起来的时候香气扑鼻，而且它佐料丰富，吃起来也很入味。每一个吃担担面的人只需一口便会瞬间爱上它。

担担面

食 材

主料：面条 80 克 / 五花肉 15 克 / 花生碎 10 克.

调料：蒜 5 克 / 葱适量 / 姜适量 / 香葱少许 / 新一代干辣椒适量 / 子弹头干辣椒适量 / 二荆条干辣椒适量 / 猪油 5 克 / 料酒少许 / 香油适量 / 芝麻酱 6 克 / 芽菜 5 克 / 酱油 8 克 / 味精 2 克 / 花椒面 1 克 / 白糖 2 克

* 用油说明：需准备菜籽油，适量即可。

3 种干辣椒的用量比例为新一代干辣椒：子弹头干辣椒：二荆条干辣椒 =3∶3∶4。

做 法

❶ 3 种干辣椒混合，打碎成辣椒面。

❷ 葱切段，香葱切碎，姜切片，蒜压成蒜泥。

❸ 锅里倒入适量菜籽油，油热后将姜、葱放入炸，让姜和葱味进入油里。

❹ 姜、葱变黄后捞出，油继续加热，油温达到 200℃左右时将三分之一的油浇淋在步骤 1 的辣椒面上。

❺ 待锅里的油温降至 120℃时，将剩余的油浇淋在辣椒面上面，静置至隔日方可使用。

❻ 五花肉剁成肉末。

❼ 锅里倒油，油热后下肉末，待肉末变金黄色后倒入少许料酒，炒匀后将肉末沥油捞出。

❽ 香油和芝麻酱混合，搅拌均匀后备用。

❾ 将芽菜切成末后，放入油锅中翻炒，将水分炒干后盛出备用。

❿ 取一个碗，依次放入制好的红油、猪油、酱油、芽菜、蒜泥、味精、花椒面、白糖、调好的芝麻酱。

⓫ 锅中烧水，水沸后下面条，煮 1 分钟左右，沥水捞出。

⓬ 面条捞出后直接盛入步骤 10 调好的底料中，再撒上炒好的肉臊、花生碎、香葱碎即可。

No.31 蒜泥白肉

美食推荐人：张 云
中华老字号传承人
供职于成都市饮食公司夫妻肺片北站店

蒜泥白肉历史悠久，是川菜中很经典的一道凉菜。当年成都的竹林小餐有三大名菜：罐汤、白肉、冒节子。其中，蒜泥白肉不但传承下来，还走向了全球。

蒜泥白肉的味型是蒜泥味型，回味还有甜。它的甜味来自原料中的红酱油。这种酱油在市场上买不到成品，完全靠川菜师傅在烹饪中自己调制，像钟水饺、红油鸡块、甜水面都会用到红酱油。

制作蒜泥白肉，要选猪的带皮二刀肉。二刀肉就是杀猪时切掉猪尾巴后切的第二刀肉，特点是肥瘦相间、肥而不腻，切完之后不脱层。猪肉需要先用水煮，煮的时候加适量姜、葱、花椒、

蒜泥白肉红白相衬,煞是好看。

料酒。煮制有两个作用,一是将猪肉煮熟,二是借花椒、料酒、姜、葱去除腥味。小火煮15分钟后,用筷子戳一戳,不出血水就表示肉已煮熟,可以捞出切片了。蒜泥白肉其实是很体现刀工的一道菜,肉需要切成两三毫米厚的薄片,切厚了不易入味。

接下来,就是很重要的步骤——制作红酱油。首先,向锅中加小半瓢水,烧开后放入八角、桂皮、山柰、香叶、小茴香,小火熬煮10分钟左右,把香料的香味熬出来,再倒入酱油,熬沸之后加红糖,红糖与酱油的比例是1∶3,微火慢熬。然后,继续熬煮,把酱油的水分熬干,熬至酱油粘瓢就可以关火了,此时红酱油的浓稠度恰到好处。

熬好的红酱油要与蒜泥、盐、普通酱油和红油等混合,搅拌均匀,料汁就调好了。顾名思义,蒜泥白肉的蒜香味要很浓,所以用作调料的蒜最好是手工舂捣的,这能让蒜香味最大限度地释放出来。

调好的料汁要浇淋在肉片上。

蒜泥白肉其实是很体现刀工的一道菜,肉需要切成两三毫米厚的薄片。

调好的料汁要浇淋在肉片上，但我们不能直接浇淋，而要先把之前切好的肉片下锅煮二三十秒，至肉片有些打卷时捞出装盘，然后再淋料汁。之所以要这样做，是因为蒜香味要在一定温度下才能更好地释放。

这道菜的调味是靠蒜泥、盐、红酱油、酱油、红油等，所以它不但有辣味、蒜香味，还有甜味，味道层次非常丰富。夹起肉片，可以看到红红的调料裹在白白的肉片上，红白相衬，煞是好看；吃上一口，不但能够吃到红油的香味，还有浓郁的蒜香味，满口留香，这就是川菜中典型的复合味型。

蒜泥白肉

食 材

主料：带皮猪肉 500 克（三分肥七分瘦）

调料：蒜 40 克／姜适量／葱适量／花椒 3 克／料酒适量／酱油 15 克／红酱油 25 克／红油 30 克／盐 1 克／鸡精适量／味精适量

做 法

❶ 蒜制成蒜泥备用。葱切大段，姜切片。

❷ 猪肉洗净，放入水中，加姜、葱、花椒、料酒，煮约 15 分钟，至猪肉皮软断生。

❸ 用竹签子戳一下瘦肉部分，见不到血水出来，即可捞出。

❹ 肉煮好后放入煮肉的原汤中浸泡 20 分钟，保持猪皮的软度。

❺ 猪肉切成 2～3 毫米厚的片。

❻ 取一个碗，放入蒜泥、盐、红酱油、酱油、红油、鸡精和味精，搅拌均匀。

❼ 锅中倒水烧热，把切好的白肉下锅汆烫 20 秒左右，至肉片打卷时捞出沥水。

❽ 将步骤 6 调制好的料汁浇淋在肉片上。

🍴 大厨美味重点：独特甜味来自红酱油

蒜泥白肉是蒜泥味型，回味还有甜味。它的甜味来自原料中的红酱油。这种酱油在市场上买不到成品，完全靠自己调制。

制作方法和原料如下：准备酱油 500 克、红糖 150 克、八角 3 个、山柰 3 个、香叶 3 片、桂皮 1 个、小茴香 8 粒。锅里加水，烧开后放入八角、桂皮、山柰、小茴香，熬煮 10 分钟左右。倒入酱油，熬开后加红糖，小火慢熬，熬至酱油浓稠即可。

No.32 广汉金丝面

美食推荐人：王小华
广汉金丝面第五代传承人

在四川面食中，有一种面绝对能颠覆你对四川美食的认知，那就是广汉金丝面。大家印象中的川菜都是颜色红艳、又麻又辣，可是这个广汉金丝面不但一点儿都不辣，还极为清淡。

金丝面起源于四川省德阳市广汉市，有百余年的历史了。这个面非常细，可以说细如发丝，细可穿针。厨师圈里有这么一句话："百姓要吃金丝面，我们就要流身汗。"这是因为制作广汉金丝面有道特别的工序——坐杠，即厨师坐在长达2米的粗竹竿上不断地轻轻弹跳，通过自身体重，让竹竿反复按压面团。坐杠是制作金丝面很关键的一步，可以使做出的面更光洁，口感更爽滑。

汤清面细,色泽金黄,入口爽滑,这就是一碗正宗的广汉金丝面。金丝面里面不含一滴水,遇火就能燃烧。

制作金丝面的材料很简单,只需面粉、鸡蛋以及少量食盐,盐能使面更筋道。和面的时候,1斤面粉配0.5斤鸡蛋,和面的过程中绝不能加一滴水,否则会破坏金丝面的口感。

做好一碗金丝面,确实需要很多工序。除了制作面食不可缺少的醒面(作用是让面粉和蛋液更好地融合),以及前面介绍的坐杠之外,还有"三推四压"。坐杠完成后,面片要经过反复推压擀制,推3次、压4次之后,金丝面面片就完成了八九成,压好之后就将面片叠起来,可以叠3层,也可以叠4层,刀法好的甚至可以叠5层,然后就可以切了。

金丝面的面条不含水,遇火就能燃烧。金丝面除了面好以外,更重要的是汤。金丝面高汤的鲜味源自食材本身。汤清面细,色泽金黄,入口爽滑,这就是一碗正宗的广汉金丝面。

No.33 淮安软兜

美食推荐人：陈小齐
中国烹饪大师·
江苏俺家小院文化发展有限公司行政总厨

在淮安一带，人们特别喜欢吃黄鳝。软兜是江苏的几大名菜之一，因其主要流传于淮安，又被称为淮安软兜。

软兜这道菜历史悠久，据说慈禧七十大寿的寿宴上有它的身影，中华人民共和国开国第一宴中也有它的身影。相传它始于清朝咸丰年间，当时命名为"炒软兜"是因为"炒黄鳝"与"炒皇上"发音很像，犯了皇家忌讳。当然这只是传说。其实，这道菜之所以叫软兜，是因为它有三兜：第一兜是布兜，黄鳝一定要放在布兜里入沸水烫；第二兜是使用筷子兜，把软兜用筷子夹起来就像小孩的肚兜带；第三兜是指一定要用勺子接着吃，软兜的汤汁比较多，要讲究文雅就要避免汤汁滴在桌上。

淮安软兜一定要趁热吃,一热胜三鲜。

淮安软兜讲究软嫩,因此应选用笔杆鳝,就是小黄鳝,其大小和毛笔杆一样故得名"笔杆鳝"。这样的黄鳝肉质特别细嫩。将黄鳝放入沸水中烫煮时,黄鳝嘴一张开就说明已经烫好了。将黄鳝取出后用竹签剔开,剔骨,选黄鳝肚子上的肉备用。

锅里放猪油。猪油作用有两个,一是提香,二是保温。然后,放蒜片以及提前兑好的料汁,黄鳝下锅后加一点儿料酒,翻炒,再加生粉勾芡。注意:黄鳝本身肉质就很细嫩,其下锅后翻炒不能超过3下,否则肉就会变老。炒好的黄鳝需要倒入预热过的煲里。煲一定要提前烧热,还要放入一些炸过的蒜,垫到煲底,这样不容易煳底,还能增加蒜香味。

一热胜三鲜,这道菜一定要趁热吃,所以从出锅到上桌一定要快,一个步骤都不能耽误,一耽误就影响黄鳝的口感。上桌时一定要当着客人的面揭开盖子,这样菜的香味就可以在桌上蔓延开来。这道菜在口感方面有3个特点:软嫩、滑嫩、活嫩;在口味上也有3个特点:蒜香味、醋香味、淡淡的黑胡椒味。

淮安软兜

食 材

主料：黄鳝 500 克

调料：姜适量 / 香葱适量 / 醋 32 克 / 盐适量 / 蒜 60 克 / 料酒 8 克 / 酱油 10 克 / 白糖 10 克 / 香油 10 克 / 老抽 5 克 / 黑胡椒粉 5 克 / 高汤适量 / 水淀粉少许 / 红椒 10 克 / 青椒 10 克

* 用油说明：需准备 50 克猪油。

做 法

❶ 姜拍松；香葱一部分打结，一部分切段。青椒和红椒切丝。取 10 克蒜切片。

❷ 锅中烧水，加入姜、香葱结，水沸后加 30 克醋和适量盐。

❸ 将新鲜的黄鳝装入布兜，放入步骤 2 的锅中烫煮，烫至黄鳝嘴张开时出锅，用清水洗净黏液。

❹ 用小刀从黄鳝侧面切入，沿椎骨将黄鳝一剖为二，将椎骨剔掉，取黄鳝肚肉备用。

❺ 取下的黄鳝肉入高汤微烫片刻，沥水备用。

❻ 炒锅内倒油，烧至 6 成热时，倒入蒜（整瓣入锅），炸至表面变色后出锅，放入提前加热过的煲中，提香。

❼ 炒锅内加 50 克猪油，烧至 6 成热时，放入切片的大蒜，入锅爆香。

❽ 放入黄鳝，烹入料酒，翻炒。

❾ 依次加白糖、剩余的醋、酱油、老抽、黑胡椒粉、香油，炒匀后再用水淀粉勾芡。

❿ 炒锅里放入香葱段、青红椒丝，翻炒好之后，出锅，装入煲中。

🔪 大厨美味重点：鳝鱼肉一定不能老

淮安软兜讲究软嫩，选料时就要有所讲究，一定要选小黄鳝，这样的黄鳝肉质特别细嫩。其次，黄鳝放入沸水烫煮时，黄鳝嘴一张开就说明已经烫好了，需要立即将其从锅中取出。再次，黄鳝下锅翻炒一定不要超过 3 下，否则黄鳝肉就会变老。

No.34 冷吃兔

美食推荐人：罗俊华
中国烹饪大师

冷吃兔属于川菜中的小河帮菜肴，是小河帮麻辣味的典型菜品，热制冷吃。

冷吃兔起源于四川自贡地区，迄今已有百余年历史。自贡一带的人很喜欢吃兔肉。兔肉脂肪含量低，但煮熟之后往往口感发柴，为了让兔肉好吃一点儿，自贡人结合当地的烹调特色，发明了冷吃兔。这道菜自问世起传承至今，经久不衰。

兔子要选当地的仔兔，不要超过3斤，这样肉质才够细嫩。兔肉要切成1.5厘米的小丁，切得大了就不入味，切得太小则没有嚼头。切好的兔肉丁要加盐、姜、葱、香料粉（香料粉里包

炒好后的兔肉,麻辣、干香、酥软。

括八角、丁香、桂皮等)、料酒,腌 20 ~ 30 分钟后入沸水汆烫。腌制的目的是去异增鲜,汆烫主要是除异味和血水。

兔肉丁汆水后就该下油锅翻炒了。炒至油变清亮,锅中的油爆声变得大一点儿了,就下花椒和干辣椒,然后继续保持中火并不断翻炒,让花椒和干辣椒的香味充分释放。干辣椒一定要选用七星椒,还要剪成一段一段的,这样跟兔肉丁更搭配,成菜才会更好看。锅中还需要加适量辣椒面,一是可以增辣,二是可以上色。辣椒面下锅后再炒几十秒就放味精,然后就可以起锅装盘了。

炒好后的兔肉麻辣、干香、酥软,嚼在嘴里,让人甚至想把骨头都一块嚼着吃了,用四川话说"确实巴适得很"。对自贡人来说,有盘冷吃兔,就可以喝上 2 两酒了。

冷吃兔

食 材

主料：兔肉 1000 克

调料：八角 3 个／山柰 6 克／白蔻 8 克／香叶 6 克／桂皮 10 克／丁香 6 克／盐 6 克／葱 20 克／姜 30 克／料酒 30 克／酱油 5 克／花椒 40 克／干辣椒 150 克／辣椒面 100 克／味精 5 克

做 法

❶ 兔肉去皮清理干净后，切成 1.5 厘米见方的丁。

❷ 将八角、山柰、白蔻、香叶、桂皮、丁香混合，打碎成香料粉。

❸ 干辣椒洗净后剪成段，葱切段，姜切片。

❹ 切好的兔丁加盐、姜、葱、料酒、步骤 2 的香料粉，腌 20～30 分钟。

❺ 锅里烧水，水开后倒入腌好的兔丁，去除兔丁的血水和异味，然后沥水捞出备用。

❻ 锅里多倒些油，油温热后倒入兔丁，中火不断翻炒，去除兔肉多余的水分。

❼ 加酱油提色，炒至油变清亮。

❽ 锅中加入花椒、干辣椒，继续中火不断翻炒。

❾ 放入辣椒面，翻炒几十秒后下味精，炒匀后起锅装盘。

No.35 豉油鸡

美食推荐人：利永周
国际烹饪艺术大师
师从香港的一代名厨刘以德先生

在广东，有"无鸡不成宴"的说法。除了著名的白切鸡以外，另一个关于鸡的赫赫有名的佳肴就是豉油鸡。

粤菜是有传承有创新的，豉油鸡的源头其实是江苏菜。清末民初的时候，广东人将苏菜中的豉油鸡改良，使其更符合广东人的口味。豉油其实就是粤菜对"酱油"的称呼，而豉油鸡其实就是酱油鸡。

豉油鸡的味道要够香，所以熬卤水是非常讲究的。豉油鸡的卤水是用酱油、冰糖、红曲米搭配山栀子、八角、小茴香、甘草、桂皮、草果等香料调成的。熬卤水用的香料要先经过炒制，让香味更加浓烈。炒香料时，大块的、厚的先下，注意不要炒煳。这

豉油鸡这道菜色泽红亮、酱香浓郁。

里选用的香料有性温的,如草果、桂皮,也有性寒的,如山栀子,它们互相搭配,卤水就平衡了。香料炒好后放入纱袋,再加入红曲米,并将纱袋封口。红曲米是用来调颜色的,不用炒。

这道菜的主料也很有讲究,要选择广东的清远鸡,毛鸡3斤左右最合适。处理好的鸡先用干净的葱姜水,经三提三放浸泡去腥,再放入制好的卤水中卤制。卤制过程中卤水要始终保持80℃,卤40分钟左右就可以了。豉油鸡讲求肉嫩,鸡刚熟的时候肉的嫩度正好,熟透了肉就柴了。卤好的鸡要整鸡改刀并装盘,还要注意在摆盘时还原鸡的形状。

鸡肉装盘之后,就该制作淋汁了。取卤水和高汤(2/3卤水配

1/3 高汤）放入锅中加热，煮沸之后加入适量水淀粉勾芡，使淋汁有一些亮度，然后把调制好的淋汁浇淋在鸡肉上即可。像这样，将卤水调淡一些，淋在鸡肉上，可起到补味的作用。

粤菜的烹饪秉承着"五滋六味"这个原则，"五滋"是指爽、脆、嫩、滑、清，"六味"是指酸、甜、苦、辣、咸、鲜。豉油鸡这道菜色泽红亮、酱香浓郁，酱油和卤水的香味结合鸡的清香和嫩滑，很好地体现了粤菜"五滋六味"的特点。

豉油鸡

食 材

主料：清远鸡 1 只

调料：姜适量 / 葱适量 / 酱油 2500 克 / 冰糖 1500 克 / 山栀子 10 颗 / 八角 9 颗 / 小茴香 25 克 / 甘草 15 克 / 桂皮 20 克 / 丁香 10 克 / 豆蔻 15 克 / 草果 8 颗 / 红曲米 10 克 / 高汤 100 克 / 水淀粉 50 克

做 法

❶ 将鸡去毛、去内脏，清洗干净。葱切段，姜切片。

❷ 将山栀子、八角、小茴香、甘草、桂皮、丁香、豆蔻、草果按照个头大小依次放入锅中，干炒出香。

❸ 将炒好的香料放入纱袋，加入红曲米，将纱袋封住，制成香料包。

❹ 锅中倒入 5000 克水，加入酱油、冰糖和步骤 3 的香料包熬煮，制成卤水。

❺ 手握鸡头，将整鸡浸入放有姜和葱的沸水锅，浸 10 秒钟，然后提起来，再放下去。重复 2 遍这样的动作。

❻ 将鸡放入做好的卤水里卤制，卤水温度保持在 80℃左右，卤制 40 分钟即可。

❼ 将卤制好的鸡改刀，切块后摆盘尽可能还原鸡的形状。

❽ 将锅烧热，倒入 200 克卤水，加入高汤，烧开，加水淀粉勾芡。

❾ 将调好的汁水淋在鸡上面即可。

No.36 双皮奶

美食推荐人：周慧贞
顺德周大娘牛乳第四代传承人

双皮奶是顺德的特色小吃之一，所需材料很简单——水牛奶、鸡蛋清、砂糖。

20世纪二三十年代，顺德大良的水牛养殖业十分繁荣，而且大良的水牛奶极受欢迎，因为大良本地的水牛产的奶油脂含量较高，喝起来特别香浓。当时还没有电冰箱，牛奶的储存是个难题，靠卖牛奶为生的农民常为此而苦恼。有一次，一个名叫董孝华的农民试着将牛奶煮沸后保存，却意外地发现牛奶冷却后表面会结层薄奶皮，尝一口，居然无比软滑甘香。一试再试，他制出了最初的双皮奶，也因此被视为"双皮奶之父"。

双皮奶颜色洁白、奶香四溢、口感香滑,可以冷吃也可以热吃,老幼皆宜。

正宗的双皮奶要选用纯正的水牛奶为原料。水牛奶是纯白色的,并且口感比较清甜,而花牛奶略发黄,喝起来也没有水牛奶甜。如果你是在家里自己做,买不到水牛奶,就选用质量好一点儿的全脂牛奶。

做双皮奶的第一步是将水牛奶直接放入锅中,隔水炖。注意:一定不要把牛奶拿去煮,用煮的牛奶做的双皮奶没有用炖的牛奶做的香滑。炖牛奶的时候不用炖很久,牛奶炖老了会影响后续的制作。

第二步就是把炖好的奶倒入碗中晾凉,在这期间牛奶中的脂肪会上浮,结成第一层奶皮。接着,就把碗中的牛奶倒入准备好的容器里,注意要让奶皮留在碗里。

第三步是取一个大碗,放入蛋清和砂糖,拌匀。蛋清与牛奶有固定的比例,1斤奶配2个鸡蛋的蛋清。若是放多了,做出的双皮奶就太硬,不好吃;若放少了,奶液就凝固不了。砂糖用量依个人喜好而定,喜欢甜一些的话就多放一点儿。注意:不需要蛋黄,因为根据传统,双皮奶是靠蛋清让牛奶凝固的。

第四步,先将拌好的蛋清倒入牛奶中继续搅拌,直至完全无蛋清絮状物。若是搅拌不匀,吃的时候会吃到蛋清,影响口感。接着,就把牛奶倒回有奶皮的碗里。倒的过程中,奶皮会慢慢浮上来,最终浮在牛奶表面。

最后一步就是把盛有牛奶的碗放入锅中炖,20分钟后基本就炖好了。

这道奶制甜品之所以叫"双皮奶",并不是说我们能看到2层奶皮,而是因为其表面那层独有的厚奶皮需要2次凝结才能形成。在牛奶炖好晾凉的过程中,已经形成了1层奶皮,将混有蛋液的牛奶倒回碗中再次炖的时候,奶中的脂肪会浮上来,跟第一层奶皮融合,形成厚厚一层奶皮。在吃双皮奶时,你只会看到1层奶皮,不过这层奶皮很厚,挑一挑的话,整张皮都会完整地挑起来,如果只有单层奶皮的话,你无法完整地把奶皮挑起的。

双皮奶颜色洁白、奶香四溢、口感香滑,可以冷吃也可以热吃,老幼皆宜。

名扬四海的当家菜

No.37 脆哨土豆丁

美食推荐人：杨和平
黔菜烹饪大师

脆哨土豆丁是地道的民族风味菜肴，在贵州是家喻户晓的一道菜，贵州人都喜欢吃。它的原料很简单，就是脆哨和土豆。脆哨是贵州家常菜不可缺少的辅料，已经融入贵州人的生活，大街小巷都有卖的。

脆哨其实就是酥脆的肉臊。据说，之所以叫脆哨是因为在贵阳话中没有卷舌发音，"臊""哨"同音。"臊"字不太常用，而"哨"字则很常见，故过去的摊主就用更为常见的"哨"取代了"臊"，将其贩卖的肉臊命名为"脆哨"。随着时间的推移，大家已经普遍接受了脆哨的叫法，"脆哨"一词也就沿用至今了。

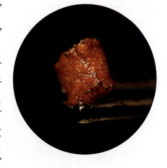

成菜白中透着金黄,十分好看。

脆哨吃起来酥、香、脆,回味悠久,制作过程是非常讲究的。我们要选用猪的槽头肉,将其切成拇指大小的丁,再加盐、料酒、醪糟,腌50分钟。盐用于增味,醪糟用于提色。

腌好的肉丁冷油下锅,慢慢由小火转为大火,煸炒。当看到肉在逐步吐油、逐步萎缩时,就加一点儿水,再转为小火,慢炒,为使肉丁变脆作准备。起锅前要加些陈醋,这样肉臊就不会回潮,可保持香、脆、酥的口感。

炒好肉臊之后,就要炸土豆了。炸土豆之前要先把土豆丁放入加有盐和白醋的水中煮一会儿，水中加白醋是为了让土豆丁在炸的过程中保持脆的口感。土豆煮好后就可以入油锅炸了。油温四五成热的时候，放土豆下锅，慢慢炸，到土豆浮起的时候捞出沥油。

肉臊和土豆都做好了，接下来就简单了。锅中倒油，下干辣椒、花椒，炒出香味的时候，下肉臊和土豆丁，加盐、味精、香油、蒜苗，翻炒一会儿就可以起锅装盘了。成菜白中透着金黄，十分美观。

脆哨酥香，肉香会附着在土豆上，再加上干辣椒给人带来的煳辣味，味道层次丰富，让人吃上一次就再也忘不掉。

脆哨土豆丁

食 材

主料:猪肉 500 克 / 土豆 250 克

调料:盐 3 克 / 料酒 10 克 / 醪糟 20 克 / 白醋 5 克 / 干辣椒 10 克 / 花椒 5 克 / 味精 2 克 / 香油 5 克 / 蒜苗 20 克 / 醋 8 克

* 用油说明:需准备猪油,适量即可。

做 法

❶ 猪肉切成拇指大小的丁,加 1 克盐、料酒、醪糟,腌 30 分钟左右。

❷ 土豆切成丁,蒜苗切小段。

❸ 锅中放猪油,冷油下肉丁,慢慢由小火转到大火。

❹ 肉丁逐步吐油、逐渐萎缩时,加适量水,转小火,继续翻炒。

❺ 小火慢炒,肉丁变酥脆时加醋,炒匀后盛出备用。

❻ 另取一锅,烧水,加白醋和 1 克盐,放入土豆丁,煮 2 分钟后捞出沥水,并冲洗干净。

❼ 烧油锅,油温四五成的时候,下土豆丁炸。

❽ 土豆浮起的时候,捞出沥油备用。

❾ 锅中倒油,下干辣椒、花椒炒香。

❿ 将处理过的土豆和肉丁下锅,加味精、香油、剩余的盐炒匀。

⓫ 出锅前放入蒜苗,翻炒均匀即可。

No.38 翠珠鱼花

美食推荐人：杨 军

淮扬菜烹饪大师

淮扬菜非物质文化遗产继承人薛泉生弟子

扬州这个城市因河而兴、因文而雅、因盐而富、因淮扬菜而闻名。淮扬菜对原料的运用讲究化平庸为神奇。在扬州菜中，有一道翠珠鱼花就很好地反映了淮扬菜的这一特点。翠珠鱼花主材很常见，就是青鱼。普通青鱼经剞刀的刀法处理后，就摇身一变，俨然一件精雕细刻的艺术品。

翠珠鱼花是扬州烹饪大师薛泉生自创的。薛泉生先生是淮扬菜非物质文化遗产传承人，从事烹饪行业已经有60余年，曾师从淮扬菜宗师丁万谷。1982年，他为参加江苏省特级烹饪师考核而创制了翠珠鱼花一菜。1988年，翠珠鱼花获得第二届全国烹饪技术比赛金奖。后来，不仅淮扬菜厨师，很多其他菜系的厨师参加比赛也喜欢用这道菜。

普通青鱼经剞刀的刀法处理后，就摇身一变，俨然一件精雕细刻的艺术品。

做淮扬菜讲究刀工，鱼肉去掉刺后需采用剞刀的刀法改刀，即在鱼肉表面划出一定深度的刀口而又不划断，继而形成花纹。切的时候，切五分之四的深度下去，皮不破，剞刀就到位了。

腌鱼的时候放点儿姜、葱、盐，加蛋清，鱼嘴里塞块生姜，腌好后依次让鱼尾、鱼头和鱼肉裹上干淀粉，待油烧到170℃时分别将鱼尾、鱼头和鱼肉下油锅炸，鱼肉外层刚形成酥壳就捞出装盘，这样能保证鱼肉的嫩度。

接下来就该炒制料汁了。翠珠鱼花是酸甜口味，炒料汁时主要会用到番茄酱、白糖和白醋。炒制料汁的时候，油锅中先放少量姜、葱、蒜炝锅，炝香之后将葱、姜、蒜捞出，加入番茄酱、白糖，然后再放白醋和盐，翻炒均匀，并把炒好的料汁淋在盘中的鱼上即可。

这道菜用料便宜，但是造型非常精美，让人在满足口腹之欲的同时还能赏心悦目。既好看又好吃，真是快哉、快哉！

翠珠鱼花

食 材

主料：青鱼1条（约400克）

调料：葱20克 / 姜25克 / 蒜10克 / 淀粉50克 / 水30克 / 番茄酱300克 / 白糖200克 / 白醋150克 / 盐8克 / 鸡蛋1个

做 法

❶ 鱼处理好之后去头去尾，片下鱼身上的肉并剔掉鱼刺。
❷ 用剞刀的刀法将鱼肉改花刀，切五分之四的深度下去，要保证皮不破。
❸ 蒜切片，葱切段，一半姜切片，一半姜拍松。
❹ 取一半的姜片和一半的葱，放在鱼肉、鱼尾和鱼头上；拍松的姜块塞入鱼嘴。
❺ 加蛋清，用手抓拌，让鱼头、鱼肉、鱼尾都沾裹蛋清，加5克盐，腌制。
❻ 鱼头、鱼尾、鱼身都裹上淀粉。
❼ 锅中多倒油，将油烧到170℃，用筷子将鱼尾夹住下锅油炸，炸至鱼尾的肉平开。
❽ 再用筷子夹住鱼眼将鱼头入锅油炸。
❾ 将剞刀后的鱼肉放进油锅炸，待鱼肉外层一形成酥脆的外壳就捞出。
❿ 鱼尾、鱼头和鱼身摆盘。
⓫ 番茄酱加30克水调匀，稀释一下。
⓬ 另取一锅，倒油，下剩余的姜、剩余的葱、蒜，爆香后捞起。
⓭ 将油留在锅里，依次下番茄酱、白糖、白醋、3克盐，炒匀。
⓮ 炒好的料汁浇淋在盘中的鱼上即可。

No.39 大刀烧白

美食推荐人：冷洪飞
成都市醉义仙江湖菜馆厨师长

重庆的美食非常多，来凤鱼、璧山兔、大刀烧白都是比较有代表性的。一提起大刀烧白，重庆人基本上都知道。大刀烧白还征服了其他省市的众多食客，获得了"中国名菜"的称号。

烧白是农村办酒席必不可少的菜，是将五花肉切片，加入各种佐料，蒸制而成。大刀烧白是在烧白的基础上改进而来的，因肉片长度跟大刀一样，故名大刀烧白。重庆人性格豪爽，喜欢大碗喝酒、大口吃肉，大刀烧白属于江湖菜，很好地体现了重庆人的性格。

这道菜的主料是五花肉，它有肥有瘦，口感肥而不腻。五花肉的皮要先用火燎一下，再把皮上的杂质清洗干净。用火燎肉皮

是为了去毛，同时去掉一些腥味。而且，燎过的猪皮也更容易煮熟。接着，把水烧开，下入洗净的肉，大火煮30分钟，把肉煮熟，方便以后上糖色。

制作这道菜，我们用干炒的方法炒糖色，即不用水和油，直接把白糖放锅中炒化。干炒出来的糖色颜色更鲜艳，更容易吸附在肉皮上。用油炒出的糖色的粘性没有干炒法炒出的强。炒糖色时要用小火，火大了容易炒糊。一旦炒糊，糖色就会有苦味。糖汁起泡的时候就加些清水，再稍微熬一会儿就好了。糖色自然冷却后再均匀地抹在肉皮上，冷却之后的糖色粘性会更强。

油温烧到30～40℃，把抹过糖色的肉放锅里炸。注意控制油温，油温过高表皮就会炸糊。整个油炸过程用时很短，表皮一起泡就好了。

现在就该切肉了。前面说过，肉片和刀的长度差不多，所以切肉的时候很讲究刀工,每一块肉都要切成0.5厘米厚、20厘米长,每一片都大小相同、厚薄均匀。切好之后加姜和花椒提味。

接下来就是炒盐菜。洗好的盐菜要拧干再入锅炒,把水分炒干就可以了。炒盐菜需要加入花椒和辣椒,这样炒出来的盐菜更香,能让整道菜的口感得以提升。

大刀烧白最关键的就是调料汁。调料汁需要用到老抽、生抽、白糖、糖色、醋、胡椒粉、白酒。老抽提色、生抽提味,生抽和老抽的比例是2∶1;白酒和胡椒粉主要是去腥。

调好的料汁要淋在切好的肉片上,既提味又提色。然后,我们还要把炒好的盐菜放在烧白上,入锅蒸1小时。盐菜的香味会融入肉里,使这道菜吃起来肥而不腻。

成菜后肉片颜色红润,肉和盐菜的味道散发出来,香气逼人,让人看着就忍不住流口水。吃大刀烧白就是要大口大口地吃,肉的香味和盐菜的味道结合起来才有感觉。

成菜后肉片颜色红润,香气逼人。

大刀烧白

食　材

主料：五花肉 1000 克 / 盐菜 300 克

调料：白糖 30 克 / 姜末 6 克 / 花椒 6 克 / 干辣椒少许 / 老抽 10 克 / 生抽 10 克 / 醋 5 克 / 胡椒粉 3 克 / 白酒 5 克

做　法

❶ 炒锅烧热，把五花肉放入锅内炙皮。

❷ 把皮上的杂质清洗干净。

❸ 锅里烧水，水开后放入五花肉，大火煮 30 分钟，肉煮熟后捞出，沥水备用。

❹ 把锅烧热，倒入 10 克白糖，小火炒糖色。

❺ 糖汁起泡时加入适量清水，小火熬制 10 分钟，糖色就制好了。

❻ 待糖色自然冷却后，取适量均匀地抹在肉的表面。

❼ 锅里倒油，油温升至 30～40℃时，将五花肉放入锅中油炸，炸至表皮起泡后迅速捞出沥油。

❽ 炸好的五花肉切成 0.5 厘米厚、20 厘米长，尽量保证每一片大小相同、厚薄均匀。

❾ 切好后整齐摆入盘中，撒上少许姜末、3 克花椒。

❿ 将盐菜放入清水洗一遍，再拧干。

⓫ 锅里倒入少许油，放入干辣椒、剩余的花椒，煸香后放入盐菜，均匀翻炒，将盐菜的水分炒干后盛出备用。

⓬ 在碗里依次加入老抽、生抽、剩余的白糖、剩余的糖色、醋、胡椒粉、白酒，搅拌均匀。

⓭ 将调好的料汁淋在盘中的肉片上。

⓮ 将炒好的盐菜平铺在肉片上，放入蒸笼蒸 1 小时左右即可。

No.40 东山老鹅

美食推荐人：黄 刚
南京珍宝舫餐饮集团行政总厨
2003年获中国烹饪美食节金奖
2013年荣膺江苏省青年名厨称号

淮扬菜讲究刀工和火工，一般人都觉得自己难以做好。其实，淮扬菜中也有家常菜，不但好吃而且好做，东山老鹅就是其中之一。

东山老鹅是南京的传统名菜，在当地可谓家喻户晓。因做法最早源于江宁的东山镇，故得名"东山老鹅"。此菜名为老鹅，但其选用的食材并非生长周期长的老鹅，而是6个月左右的鹅，这样的鹅肉不老不嫩，细腻程度刚刚好。

作主料的鹅肉要放入加有姜、香葱、料酒的水中焯水，去除鹅肉的血水和腥味。东山老鹅的配菜主要是土豆。将土豆切成大的滚刀块之后入油锅，炸至外酥里嫩、表皮焦黄，注意让其保持外形。

成菜肉汁酱香，骨肉酥烂，足以俘获众多吃货的舌尖。

炒制底料时，要用两种油——锅烧热后先放入菜籽油，再加少许色拉油调和，减轻油腻感。油热后，加入香料以及干辣椒、姜、香葱，煸炒后加入烧鹅酱，把酱料中的水分煸干并炒香，底料就炒好了。底料不要盛出，直接将焯过的鹅肉放入锅中，加入蒜、老抽，翻炒，让鹅肉表面裹上酱料，再加入少许清水、盐、白糖，放入土豆，大火烧开。然后，将鹅肉和土豆连汤汁一起倒入高压锅，上汽以后，继续压15分钟，鹅肉才能酥烂，才会更香。

等高压锅自然冷却后打开锅盖，把姜、香葱、香料挑出，土豆、肉和汤都倒入炒锅中，大火收汁。浓郁的汤汁会均匀地裹在鹅肉和土豆上。即将完成收汁的时候加入切好的青红椒，炒匀即可。青红椒可增加清香味，同时也可让成菜更好看。

经过精心烹制，成菜肉汁酱香，骨肉酥烂，鹅肉的香味、酱料的香味、土豆本身的清香互相助益，这就是南京人最喜爱的东山老鹅。这道菜俘获了众多南京吃货的舌尖，你也快来尝尝吧。

东山老鹅

食 材

主料：鹅肉 500 克／土豆 200 克／青椒 50 克／红椒 50 克

调料：香葱 20 克／姜 20 克／蒜 30 克／料酒 15 克／八角 10 克／桂皮 10 克／香叶 5 克／
干辣椒适量／烧鹅酱 150 克／老抽 10 克／盐 10 克／白糖 25 克

* 用油说明：需准备菜籽油和色拉油，适量即可。

做 法

❶ 将准备好的新鲜鹅肉切成块。青红椒切块，姜切片，香葱打结。

❷ 锅中加水，放入一半香葱和一半姜，加入料酒，放入切好的鹅肉，去除鹅肉的血水和腥味。

❸ 将土豆切成大的滚刀块，放入油锅，炸至表皮焦黄时捞出。

❹ 锅中放入适量菜籽油和少许色拉油，油热后依次放入八角、桂皮、香叶、干辣椒、剩余的姜、剩余的香葱，煸炒。

❺ 放入烧鹅酱，把水分煸干。

❻ 将焯过水的鹅肉放入步骤 5 的锅中，加入蒜瓣、老抽，翻炒至鹅肉变色，加少许清水，加盐、白糖，小火烧制。

❼ 在锅里的水沸腾前放入炸好的土豆，调成大火，烧至水沸。

❽ 将锅中的鹅肉、土豆连同汤汁一起倒入高压锅，上汽以后再压 15 分钟。

❾ 高压锅自然冷却后，打开锅盖，挑出姜、香葱、蒜以及香料，剩余部分全部倒入炒锅。

❿ 大火收汁，让汤汁均匀地裹在鹅肉和土豆上。

⓫ 即将完成收汁时向锅里加入切好的青红椒，炒匀后出锅装盘。

No.41 烠辣素鱼

美食推荐人：吴保军
黔菜大师

贵州是一个多民族的省份，各个民族都有自己独特的饮食文化。随着各民族饮食文化相互融合，黔菜逐渐演变成一个独立的菜系。辣是黔菜的一大特色，黔菜的辣有很多种，包括麻辣、酸辣、烠辣等。这道烠辣素鱼就属于烠辣味。

烠辣素鱼是道很有特色的贵州菜。制作这道菜要用到烠辣椒，它是一种用干辣椒制成的调味料，烠辣鲜香，别具风味。烠辣椒是贵州独有的，在贵州家家户户做菜时都离不了它。

炒制烠辣椒时要选用遵义辣椒和花溪辣椒两种干辣椒，遵义辣椒占三分之一，花溪辣椒占三分之二。遵义辣椒是辣，花溪辣

糊辣素鱼入口后糊辣鲜香一齐袭来,开胃下饭,年轻人一般都喜欢吃这道菜。

椒是香。炒制干辣椒时,要先把盐炒烫,这样可以让干辣椒受热更快。要突出干辣椒的香味,就一定要用小火慢炒,让干辣椒从内部慢慢受热,炒到干辣椒表面能微微看到一些黑色,干辣椒介于糊与不糊之间时就可以起锅盛出了。

炒好以后要让干辣椒冷却风干再手工舂捣,捣碎后香味、辣味扑面而来。糊辣椒最早的时候叫手搓辣椒,所以一定不能用机器打碎。用机器加工会把辣椒籽全部打碎,这样的话香味就不够了。

鱼选用的是鲈鱼,吃起来很清香,贵州当地人都喜欢吃这种鱼。鱼清理干净之后,先去掉鱼头,再把鱼肉片下,鱼的主骨则切成块状备用。接下来，从鱼尾部那端开始将片下的鱼肉切斜刀，然后加盐、料酒、蛋清、淀粉腌制。蛋清和淀粉的作用是让鱼肉滑嫩，盐和料酒的作用是去腥，给鱼肉打个底味。

煮熟鱼骨需要的时间要长一点，所以煮鱼肉时先将鱼骨煮熟，然后捞出，放在盘子里垫底。煮完鱼骨后，汤汁里已经有一点儿鱼鲜味了，这个时候再把腌制的鱼肉放进去，汤汁就更鲜美了。鱼肉下锅后不到 1 分钟就熟了。

将煮好的鱼肉盛入盘中。接着，将香菜、折耳根、蒜、小米椒、盐混合，调制料汁并浇在鱼肉上，它们可以让鱼的鲜味充分地发挥出来。最后还要撒上脆臊和花生米。煳辣素鱼入口后煳辣鲜香一齐袭来，开胃下饭，年轻人一般都喜欢吃这道菜。

煳辣素鱼

食 材

主料：鲈鱼 1 条／花生米 10 克／脆臊 10 克

调料：盐适量／料酒适量／蛋清少许／红薯淀粉适量／香葱 20 克／姜适量／青小米椒 5 克／红小米椒 5 克／折耳根 15 克／蒜 10 克／白糖 0.3 克／味精 0.1 克／生抽 5 克／醋 8 克／蒸鱼豉油 15 克／煳辣椒面 8 克／香菜 125 克

做 法

❶ 鱼清理干净后去掉鱼头。香葱打结，姜切厚片，蒜拍碎。青小米椒、红小米椒切碎。折耳根切段，香菜切碎。

❷ 将鱼肉片下，去掉带刺的鱼肉。

❸ 鱼骨切成块状备用。鱼肉从尾部开始斜切成片。

❹ 鱼肉加适量盐、料酒、蛋清和红薯淀粉，腌制。

❺ 锅中添水，加入料酒、香葱、姜，水烧开后下鱼骨，煮熟后捞起，放入盘中打底。

❻ 步骤 5 的锅中放入鱼肉，煮 1 分钟左右捞起，盛入盘中。

❼ 将青小米椒、红小米椒、折耳根、蒜、盐、味精、白糖、醋、生抽、蒸鱼豉油、煳辣椒面混合，加入香菜拌匀。

❽ 将步骤 7 调好的料汁浇到鱼肉上，撒上脆臊和花生米。

🍴 大厨美味重点：炒出完美的煳辣椒

制作煳辣椒要选用遵义辣椒和花溪辣椒两种干辣椒：三分之一的遵义辣椒，三分之二的花溪辣椒。先把盐炒烫，将选好的干辣椒放入锅中，小火翻炒，辣椒微微发黑时起锅。等干辣椒冷却风干后捣碎备用。用盐炒是为了让干辣椒更快受热。炒好的辣椒一定要捣碎，才能更香。煳辣椒最早的时候叫手搓辣椒，所以打碎时一定不能用机器，用机器会把辣椒籽也全部打碎，那样香味就不够了。

No.42 花椒鸡丁

美食推荐人：田小辉

2015年成都市百万职工技能大赛中餐红案冠军

川菜的味型丰富多变，仅凉菜就有12种味型，比如咸鲜味、椒麻味、糖醋味等。花椒鸡丁属于川菜中比较有代表性的味型——麻辣味。

花椒鸡丁是传统川菜，选材比较考究，一般选择仔公鸡的鸡腿肉。先把鸡腿去骨，鸡腿肉切成2厘米见方的丁，加姜、葱、料酒、盐腌5~10分钟，增香除异。

炒糖色时建议选用冰糖。小火慢炒，不能炒过火了，糖汁起鱼眼泡的时候加适量开水。

花椒鸡丁棕红发亮,质地酥软。

做这道菜用到的鸡丁需要提前炸一下。炸鸡丁有一个很关键的技巧,就是复炸。第一次炸制是油温六成时下锅,且需将油温控制在六成左右,主要是把肉炸熟,让其互不粘黏。第二次炸制则是待油温升至七成时下锅,且要把油温控制在七成左右。这一次主要是起上色的作用,让鸡肉呈金黄色。

鸡丁预处理完成就可以炒菜了。炒制时需加入干辣椒、花椒、姜、蒜,炒香之后加入高汤,再把炸好的鸡丁放进去,小火收汁一会儿后加入糖色、盐,继续慢慢收汁,让鸡丁回软。鸡丁刚开始是金黄色,加入糖色之后,逐渐变为棕红。待汁水全部收干,肉色棕红、只亮油不亮汁的时候即可起锅。成菜棕红发亮,质地酥软。

花椒鸡丁是复合味型。虽然它主要突出花椒的麻味,但回口又带辣味,口感甚佳,不管是下饭还是佐酒,皆为佳品,深受食客的喜爱。

花椒鸡丁

食 材

主料：鸡腿 250 克

调料：葱 15 克／姜 10 克／料酒 10 克／盐 4 克／冰糖 10 克／干辣椒 10 克／花椒 2 克／蒜 5 克／高汤 300 克

做 法

❶ 鸡腿去骨，肉切成 2 厘米见方的丁。葱斜切成小段，蒜和姜切片。

❷ 鸡肉加葱、料酒、2 克盐和一半姜拌匀，腌 5～10 分钟。

❸ 油锅中放入冰糖，小火慢炒，糖汁起鱼眼泡的时候加入适量开水，搅拌均匀，盛出备用。

❹ 锅中倒油，油温六成热时下鸡丁，炸至肉变熟、肉丁互不粘连即可。

❺ 油七成热时再次下鸡丁，炸至鸡丁呈金黄色。

❻ 另取一锅，倒少许油，放入干辣椒、花椒，炝香。

❼ 下蒜和剩余的姜，大火炝香。

❽ 倒入高汤，放入炸好的鸡丁。

❾ 转小火，慢慢收汁。

❿ 倒入炒好的糖色，加剩余的盐，小火收汁，让鸡丁回软。

⓫ 待汁水全部收干，鸡肉呈棕红色、只亮油不亮汁的时候即可起锅。

🔑 大厨美味重点：炸鸡丁时要炸两遍

第一次炸制，要把油温控制在六成左右，主要是把肉炸熟，让其互不粘黏。第二次炸制则把油温控制在七成左右，主要是起上色的作用，让鸡肉表面呈金黄色。

老坛酸菜鱼

No.43

美食推荐人：余天亮
成都市旮旮老院坝老板

酸菜鱼是源自重庆的经典菜品，一盆老坛酸菜鱼将川菜的麻、辣、酸、爽、鲜、活表现得淋漓尽致。成都旮旮老院坝的酸菜鱼更是一绝。

院坝是云贵川地区的方言，指房屋前后的平地。旮旮老院坝后面是个院坝，还有棵树，这家饭店因此而得名。旮旮老院坝的老板对制作酸菜鱼很有研究，他1995年开始学厨，后来还曾到锦江宾馆上班，1998年自己开了饭店。他特别喜欢吃鱼，经常自己买回鱼来做，旁边的食客看到他做的鱼也想吃，他就给食客现做。酸菜鱼逐渐变得比店里的其他菜更受欢迎。现在，这种可以喝汤的酸菜鱼成了这家店的招牌菜。

酸菜鱼酸、爽、微辣，里面的粉丝比酸菜好吃，酸菜比鱼好吃。

酸菜鱼的第一主料自然就是鱼了，旮旮老院坝的酸菜鱼用的是花鲢。鱼片的厚薄有讲究，切得过薄的话鱼肉容易散，口感也不好，所以要求鱼片一般厚半厘米左右。切好之后用流动的水把血水全部洗掉，然后加适量盐、胡椒粉、料酒、淀粉、蛋清，搅拌均匀，腌至入味。

酸菜鱼的另一个重要主料就是酸菜，旮旮老院坝的酸菜都是自制的。腌酸菜之前，青菜必须完全晒干，这样在腌制时它才会把泡菜水里的调料全部吸收。

腌好的酸菜不直接入菜，在入菜前还要经过炒制的工序。炒制酸菜是很重要的步骤，光用菜籽油炒的话吃起来滋味不够浑厚，要用两种油（猪油和纯正的菜籽油）混合在一起炒。一定要小火慢炒，把酸菜中的水分炒干，再加入蒜、姜、野山椒，炒香后倒入清水、放入鱼头，再加盐、胡椒粉等调味。在烹煮的过程中，鱼头的鲜味和调料的味道会全部浸入炒干的酸菜里。有些客人说酸菜比鱼好吃，实际上是因为酸菜吸收了鱼的鲜味。酸菜鱼头汤熬得差不多了就放入粉丝，煮20秒就关火。

家里一般有两个灶眼，另取一锅烧开水，依次下入鱼排、鱼骨，再迅速下入鱼片，稍微搅一下，在水再次沸腾之前把鱼捞出，这时的鱼肉有两成熟，这种熟度最合适。因为鱼肉放入盘中后要把酸菜鱼头汤淋在鱼片上，汤的温度会把鱼烫熟，这样做出的鱼肉就很嫩。

最后，还有一个淋汁的工序。淋汁前先要制作酱料：锅中加适量油，放入剁碎的野山椒、姜、蒜炒香，加入泡辣椒，然后下葱花。炒好的料也要放入汤中，这样一道地道的酸菜鱼就做好了。

酸菜鱼酸、爽、微辣，里面的粉丝比酸菜好吃，酸菜比鱼好吃，众多食客为之疯狂。

老坛酸菜鱼

食 材

主料：花鲢1条（约1000克）／酸菜500克／粉丝1把

调料：淀粉10克／胡椒粉2克／盐5克／料酒适量／蛋清适量／蒜末40克／姜末30克／野山椒末适量／白醋10克／味精5克／鸡精5克／泡辣椒末适量／葱花20克

* 泡辣椒要同时使用红色的和绿色的，颜色更好看。

* 用油说明：需准备80克菜籽油和50克猪油。

做 法

❶ 酸菜洗净切块。

❷ 花鲢去头去尾，片下鱼肉。

❸ 鱼肉洗净血水后加入淀粉、1克胡椒粉、2克盐、料酒、蛋清，腌约15分钟。

❹ 锅里放50克菜籽油和30克猪油，大火加热，油温升至150℃时下酸菜，转中小火，不停翻炒。

❺ 5分钟后，加20克蒜末、20克姜末、10克野山椒末，翻炒。

❻ 炒5分钟后加适量水，水沸后放入鱼头，加剩余的盐、剩余的胡椒粉、白醋、味精、鸡精。

❼ 将粉丝放入步骤5的锅中，粉丝煮软后关火。

❽ 腌好的鱼片放入沸水，汆烫20秒后立即盛出。

❾ 步骤7熬好的酸菜鱼头汤倒在盛有鱼肉的容器中。

❿ 另取一锅，锅内加30克菜籽油和20克猪油，油温升至170℃时下剩余的蒜末、剩余的姜末、适量野山椒末、适量泡辣椒末和葱花，炒香后也放入酸菜鱼头汤中即可。

No.44 糖醋排骨

美食推荐人：曹帅学
成都市万重锦川菜馆行政总厨

糖醋排骨是川菜中口味比较独特的冷菜，很好地体现了川菜"百菜百味，一菜一格"的特点。

全国很多地方都有糖醋排骨，如上海本帮菜中的糖醋小排、无锡的糖醋排骨，等等。其实，糖醋味在川菜中也有，是川菜24味型之一，以糖和醋为主要调料，特点是甜酸味浓、回味咸鲜。糖醋排骨是川菜糖醋味型中很有代表性的一道菜。

糖醋排骨选料比较讲究。专业厨师一般会选用重200斤左右的猪，取其中排，这是猪身上最好的一块排骨，这个位置的排骨做出来的菜口感比较好。排骨需要改刀，切成2.5～3厘米见方的块。

糖醋排骨色泽红亮,料汁浓稠,夹一块排骨起来汁水都能拉成丝。

这个大小的排骨块在烹制过程中最容易入味,装盘也比较好看。

切好的排骨要用流动的水冲洗干净,沥干水分,然后放盐、姜、葱、料酒,拌匀,腌1～2小时。腌制的目的是去腥解腻,便于码底味。接着就是汆水,注意撇去浮沫,转小火把排骨煮透,大概需要15分钟。排骨煮熟以后,还要放入中高油温的油中过一下,然后迅速捞起。过油的目的是使排骨的表层收紧。

下一个步骤就是炒糖色了。我们一般选用冰糖并采用油炒法小火慢炒。冰糖会慢慢化掉,颜色会慢慢变黄,等到糖汁开始起泡时,赶紧加冷水。加水以后温度会降低,炒出来的糖色就不会发苦。不过,由于油温很高,加水时一定要注意安全,要防止热油溅出。糖色炒好后盛出备用。

再下一个步骤就是向锅中加水和糖色,下排骨,大火收汁,并放入适当的盐和白糖。盐和糖的比例约为1∶12。汁水收得差不多时加醋，这时加醋能够让浓郁的醋酸味得以充分体现。传统的糖醋排骨都是用黑醋，经过逐步改良后改用红醋，红醋味道比较醇厚，色泽也比较好。

糖醋排骨色泽红亮，料汁浓稠，夹一块排骨起来汁水都能拉成丝。这道菜，入口就能尝到很浓郁的甜，紧随而来的就是很浓郁的酸，这就是典型的糖醋味川菜。

糖醋排骨

食 材

主料：排骨 400 克

调料：葱 20 克／姜 20 克／料酒 15 克／盐 6 克／冰糖 25 克／白糖 60 克／醋 60 克／熟白芝麻 2 克

做 法

1. 排骨改刀，切成 2.5 ~ 3 厘米见方的块。葱切大段，姜切厚片。
2. 用流动的水将切好的排骨洗净，沥去水分。
3. 排骨加姜、葱、料酒、1 克盐，拌匀，腌制 1 ~ 2 小时。
4. 将排骨放入锅中汆水，撇去表面的浮沫。
5. 加入葱、姜片，小火煮 15 分钟，捞出备用。
6. 锅里倒油，待油温达到六七成热时，倒入排骨过油，煸干后迅速捞出沥干。
7. 锅中倒入少许油，油热时放入冰糖，小火慢炒。
8. 待糖汁颜色变黄并起泡时，加冷水，调匀后出锅备用。
9. 炒锅中倒入少许水，煮沸后倒入炒好的糖色。
10. 下排骨，加入白糖和剩余的盐。
11. 待汤汁收得差不多时，倒入醋。
12. 小火慢熬，至锅中汤汁浓稠时出锅，装盘，撒上白芝麻。

🍴 **大厨美味重点：排骨炸前要经过腌制和煮制**

排骨一定要先腌制，因为炸排骨时热油会迅速地封住肉表面，这样糖醋汁就不容易吸收进去，排骨会有肉腥味。

排骨下锅炸前先煮 15 ~ 20 分钟，这样再用热油炸时就外酥里嫩了。如果用生排骨直接炸，容易炸得过老。

美食推荐人：刘俊良
川味传承工作室创始人

No.45 毛血旺

毛血旺属于川菜，但早已遍布大江南北，名扬五湖四海。它以鸭血为主料，口味属于麻辣味。

这道菜是在川菜的传承发展过程中，在20世纪40年代到50年代由下河帮创制出来的。毛血旺为什么能风靡全国？总结下来，主要因为它大气美观、好吃不贵。

炒制毛血旺的底料，要用到两种油，一种是纯正的菜籽油，一种是牛油，菜籽油和牛油的比例是2∶1。油热后放入姜、葱、洋葱，中小火慢慢炸，炸至姜、葱和洋葱颜色金黄时捞出沥油。一定要先放姜，因为它肉质较厚不易炒煳。

毛血旺汤色红亮、麻辣鲜香烫，体现了江湖菜的风味。

接着就该下各种调料了。糍粑辣椒肯定是少不了的，它可增色、提香、提辣。糍粑辣椒入锅后要慢炒，油温应控制在105℃左右，炒到辣椒皮微微透明、有一点点发白时加冰糖，提高菜品亮度。接着，放入郫县豆瓣酱提香，下锅后马上炒匀。炒至辣椒皮有点卷，颜色变深、微带枣红色的时候，加豆豉、青红花椒、香料粉。香料粉是自制的，可增香提鲜。香料粉的制作方法是：将八角、山奈、桂皮、丁香、小茴香、香果一起用机器打碎，倒入少许温开水和白酒，用保鲜膜密封4～6小时进行发酵，发酵之后方可使用。锅中加入香料粉后炒3～5分钟，香味散发出来就关火，最后放醪糟炒匀。底料做好之后要静置，到第二天时才能使用。

在制作毛血旺的主料中，鸭血是最关键的。建议早上去购买新鲜的鸭血。煮鸭血时水不能煮沸，煮第一遍时水中会有泡沫，要将其撇掉，不然汤会变浑浊。煮至用筷子轻轻扎入鸭血后没有血丝冒出，就说明煮好了。

除了鸭血，鳝鱼、毛肚、黄喉也是必不可少的。鳝鱼不能选太大的，两指宽左右的即可；黄喉要切蓑衣刀；毛肚应选择饱满一些且颜色也比较好的。另外，毛血旺是有垫底菜的，可选黄豆芽和芹菜，将其炒香并加盐调味后倒入碗中做垫底菜。

鸭血、鳝鱼、毛肚和黄喉都需要放入底汤煮。首先要用高汤和炒好的底料调底汤，煮的时候先放鸭血、鳝鱼，小火慢煮入味，即将起锅时，再下黄喉和毛肚。注意：黄喉和毛肚一定要最后下，下得太早就不脆了。起锅前倒入香油和花椒油，然后立即盛出。

最后还有关键一步，就是用干辣椒和干花椒炝制辣椒油并淋在毛血旺上，之后再撒上芝麻、葱花即可。

毛血旺成菜汤色红亮、麻辣鲜香烫，体现了江湖菜的风味，深受大众喜爱。

No.46 鱼香肉丝

美食推荐人：黎云波
川菜烹饪大师
国家高级烹调技师

　　鱼香肉丝这道菜是四川久负盛名的一道传统名菜，是川菜中的一颗明珠。

　　据传，过去江边上有一段时间曾经长时间下暴雨，打鱼的人没有鱼吃，就想到了用泡辣椒、姜、蒜等做鱼的调料来炒肉，结果炒出来的味道居然也有点儿鱼味，故而给这道菜取名"鱼香肉丝"，并将这种味型命名为鱼香味。

　　鱼香肉丝这道菜是吃得到鱼味却见不到鱼肉。主料应选用猪里脊肉，因为这个部位的肉比较嫩。猪肉要切成二粗丝，即长6～8厘米、截面3毫米见方，并且每一根都要粗细均匀，这样

鱼香肉丝色泽酱红，口感滑嫩，浓郁的汤汁包裹在肉丝表面。

炒出的肉老嫩均匀。切好肉丝就腌制码味——放少许清水，使肉质更细嫩一些，然后放酱油、盐、水淀粉，抓拌均匀后，腌制一会儿。

估计各地的鱼香肉丝最大的不同就是配料了。四川各地常用做法以及教科书上的做法都是以青笋、木耳为主要配料。青笋、木耳同样要切成二粗丝。切好的青笋丝中需要加点儿盐，让它口感更脆嫩一些。

烹制鱼香肉丝，最重要的调料就是泡辣椒，一定要选用二荆条泡辣椒。应去掉辣椒籽再剁碎，这样容易上色。香葱切成鱼眼葱。

另一种主要调料则是碗汁。碗汁是用盐、白糖、味精、生抽、醋、料酒、水淀粉、高汤兑成的。糖醋的比例是1∶1，1勺糖配

1勺醋。这道菜是鱼香味，甜度、酸度、辣度要达到均衡。

准备工作做好之后，就开始下锅炒了。先加菜籽油和猪油，旺火温油，六成热时下肉丝，急火短炒，肉丝泛白时下泡辣椒末、姜蒜末、葱白碎，炒上色的时候放木耳丝、青笋丝，倒入兑好的碗汁推转均匀，最后再加葱叶碎，起锅装盘。

炒鱼香肉丝，葱、姜、蒜和泡辣椒下锅顺序是有讲究的。葱白和姜、蒜、泡辣椒一起下锅炒，葱叶最后起锅时才能加。川菜的小煎小炒就是"生葱熟蒜"。姜、蒜如果不熟，香味出不来。葱如果全熟，香味就不够浓郁。

鱼香肉丝成菜色泽酱红，口感滑嫩，浓郁的汤汁包裹在肉丝表面。夹一筷子入口，咸、甜、酸、辣兼备，搭配上热气腾腾的米饭，怎么吃都过瘾！

鱼香肉丝

食 材

主料: 猪肉 200 克 / 木耳 25 克 / 青笋 50 克

调料: 酱油 2 克 / 盐 2.5 克 / 水淀粉 25 克 / 姜 10 克 / 香葱 25 克 / 蒜 15 克 / 泡辣椒 25 克 / 白糖 10 克 / 醋 12 克 / 味精 1 克 / 生抽 8 克 / 料酒 5 克 / 高汤 25 克

* 主料应选择猪的里脊肉,肉嫩度高,口感好。

* 用油说明:需准备 45 克菜籽油和 30 克猪油。

做 法

❶ 猪肉洗净,切成二粗丝,尽量保证每一根粗细均匀。

❷ 在盛肉的碗里放入少许清水,抓匀后加酱油、1 克盐、20 克水淀粉,继续抓拌。

❸ 青笋洗净去皮,木耳洗净,统一切成二粗丝。

❹ 青笋加 0.5 克盐,腌一下。

❺ 泡辣椒去籽,剁碎。

❻ 将蒜和姜切成蒜末、姜末。

❼ 香葱切碎,葱白和葱叶分开。

❽ 剩余的盐、白糖、醋、味精、生抽、料酒、高汤和剩余的水淀粉混合,兑成碗汁。

❾ 锅烧热,放入 45 克菜籽油和 30 克猪油,烧至六成热时倒入肉丝,炒至肉丝散开且发白。

❿ 下姜末、蒜末、泡辣椒末和葱白碎,炒出香味且油呈红色时再下木耳丝、青笋丝,炒匀。

⓫ 倒入兑制好的碗汁,翻炒。

⓬ 收汁完成后撒上葱叶碎,起锅即成。

🥄 大厨美味重点:急火短炒,一锅成菜

比较传统的鱼香肉丝肥瘦肉比例一般是 3∶7,但全瘦肉口味更好,接受程度更高。泡红辣椒在四川以外的地区不易购买,可以用郫县豆瓣酱代替。但郫县豆瓣酱很咸,若用它代替泡辣椒,要注意调整盐的用量。

翻炒速度一定要快,尤其是加入鱼香汁以后,因为长时间翻炒会使醋味挥发,影响味道。

No.47 白切鸡

美食推荐人：冯昔贤

『十大南粤厨王』之一

清远厨师协会执行会长

　　白切鸡是广东的传统美食，烹调时不加任何调味品，白煮而成，保持了鸡肉的原汁原味，食用时需搭配蘸料，味道极其鲜美。

　　白切鸡尤以清远白切鸡最负盛名。清远这个地方，依山傍水，环境优美，有三大特色旅游项目：漂流、泡温泉、吃鸡。广东有个说法叫"无鸡不成宴"，而白切鸡则是宴席上必不可少的一道菜，其独特之处在于用简单的做法让食材的鲜味发挥到极致，最大限度地保留了食材的原本味道。

　　制作白切鸡要选用清远的麻鸡，这种鸡鸡冠比较红也比较小，

好的白切鸡,表皮光泽亮丽,刀工均匀,摆盘造型讲究。

爪子比较细,羽毛呈麻色。注意:必须选用180天左右的小母鸡,去毛、去内脏后清洗干净。烧一锅水,放入姜、葱,大火烧开后把处理好的鸡放在里面"三提三放"。这个"三提三放"是不能省略的,在烫煮的过程中把鸡从水里提出来是为了让鸡胸腔里的水流出,这样再次放入锅中时热水才会再次流入鸡胸腔。经过3次提放,鸡身里外就受热均匀了。

"三提三放"之后就把鸡放入锅中,盖好锅盖,烫煮。要全程保持小火,让锅中的水保持"虾眼水"的状态。所谓"虾眼水",是指水在沸腾前会有一段时间产生很多如虾眼大小的气泡,这时的水温是不到100℃的。烫煮的时候要注意鸡肉不能破皮。要想做到这一点,时间跟火候必须配合好。如果用大火来煮,就会出现皮烂肉不熟的情况,而且煮好的鸡肉口感很柴。

烫煮 15 分钟后,用手摸一下鸡爪里的筋,刚好断了就说明煮熟了。及时地把鸡捞出,放入冰水浸泡 2 分钟,这在烹饪技法上叫"过冷河",主要目的是把鸡肉的水分急速地锁定。浸完以后就把鸡吊起来,让冰水流干净。这时,我们要观察一下鸡的光泽,皮是否呈金黄色、有没有破损,肉有没有收缩得很严重。

主料好了,就该调制蘸料了。对白切鸡而言,蘸料也很关键。蘸料的原料并不复杂,仅用到火姜、红葱、盐、花生油。做法也很简单:红葱切碎;火姜切块后垂直拍拍碎,然后再剁,剁到差不多的时候加入红葱;加入盐、花生油,拌匀。这样调成的汁叫作姜葱茸,葱姜相配能够让鸡的味道更加完美。

蘸料调好后,就可以切鸡了。首先把头、翅膀、腿切下,剩余部分剁成小块,摆成鸡的形状,白切鸡就做好了。好的白切鸡,表皮光泽亮丽,刀工均匀,造型讲究。

白切鸡讲究"不过熟、皮脆肉滑",即切开之后,骨头里会带一点儿血丝,吃起来皮脆、肉滑,这才是合格的白切鸡。

白切鸡

食 材

主料：小母鸡 1 只

调料：姜片适量 / 葱段适量 / 火姜 100 克 / 红葱 30 克 / 花生油 100 克 / 盐 30 克

做 法

❶ 鸡去内脏、去毛，冲洗干净。

❷ 锅里倒水，放入姜片、葱段，大火烧开。

❸ 手握鸡头，提着将整鸡浸入开水，10 秒钟后提起来，再放下去。重复 2 次。

❹ 整鸡在沸水中"三提三放"后再完全放入水中，盖上锅盖，转小火煮 15 分钟，用手摸鸡爪里的筋，刚好断时即可。

❺ 将煮好的整鸡立即放入冰水，浸泡 2 分钟，快速锁住鸡肉的水分。

❻ 将浸过冰水的鸡挂起来，晾干。

❼ 鸡头、鸡翅、鸡腿切下，剩余部分改刀切成块状，摆盘。

❽ 火姜切成块，拍碎。红葱切碎。

❾ 火姜和红葱一起剁成细茸，加盐和花生油，搅匀成"姜葱茸"。

❿ 吃的时候搭配葱姜茸。

🔪 **大厨美味重点：三提三放、用"虾眼水"煮烫和过冷河**

"三提三放"是指提起鸡头，将整鸡浸入开水，10 秒钟后提起来，再放进去，重复 2 遍这样的动作。这个"三提三放"是不可省略的，在烫煮的过程中把鸡从水里提出来是为了让鸡胸膛里的水流出，锅中的热水会再次流入鸡胸膛，经过三次提放，鸡身里外就能够受热均匀了，不会出现皮烂肉不熟的情况。

"三提三放"之后，要把鸡肉完全放入锅中，盖上锅盖烫煮。在煮的过程中，一定要一直保持水中有很多如虾眼大小的气泡，这叫"虾眼水"。这样可以保证煮出来的鸡肉非常鲜嫩。

煮好的白切鸡需要放入冰水浸泡，这叫"过冷河"。这样可以使鸡肉紧绷，让鸡肉和鸡皮吃起来更加筋道。

No.48 干炒牛河

美食推荐人：欧锦和
亚洲十大名厨之一
中国饭店协会名厨委副主席

在中国所有菜系中，最早走向世界的是粤菜，明末清初就走出国门了。以前，百分之九十的华侨都是广东人，广东人带出去的自然是广东菜。那时候，在亚洲、欧洲、南美洲，500平方米以上的餐厅基本都是粤菜馆。

全世界的粤菜馆里都有干炒牛河。夸张点儿说，干炒牛河每个广东人都会做，小孩也懂，但是做得好的其实不多。在广东，干炒牛河是检验粤菜厨师技艺的标准。想知道厨师的功夫有多深，看他做的干炒牛河就行了。合格的干炒牛河必须是看着有油却不出油，也就是说牛河吃完以后不能有多余的油留在盘子里。

炒好的牛河油润亮泽,香气十足。

要做出完美的干炒牛河,首先要选好料。最好选用西江流域的米做的河粉,而且要选真正地只用大米、没用任何添加剂的河粉。只用大米做的河粉炒完只会自然地断开,但不会太碎。牛肉也有讲究,牛柳最好,它很嫩,没有太多的筋。豆芽要选银芽,即切头去尾的绿豆芽,有档次的广东菜里都是用银芽,因为完整的豆芽口感粗糙。甚至连韭黄这样的配角选料也不能疏忽,必须选用靠近头这边的部分。

切牛肉的时候要顺着纹理切片,不能太厚也不能太薄。切好以后就该腌制了:取一个容器,放入小苏打、白糖、生抽、鸡精、淀粉,搅拌均匀之后就放入牛肉,再次拌匀后最少腌25分钟。粤菜在腌制时一般是先放调料,再放主料,这样才更容易拌匀。加的这些调料中,淀粉主要是为了保持肉的嫩度,生抽用来增加咸香味。腌牛肉是一定不能用盐的，盐会让牛肉变硬，影响口感。

腌好的牛肉要过油。牛肉过油是很重要的，可以让肉保持鲜嫩的口感。过油时先将锅擦净，放入适量油，烧热后晃动锅子，让锅壁均匀沾上热油，再将热油倒出，并立即放入适量温油或冷油，油温60~70℃时下牛肉是最合适的，炒到有焦香的味道就可以了。牛肉过油很容易出香，因为腌肉的时候加了白糖。

炒过牛肉之后，锅里的油要尽量倒干净。接下来，就该河粉上场了。在这道菜中，河粉是第一主角，最好是用新鲜现做的，隔夜的河粉炒出来是碎的。河粉下锅后，慢慢地炒，炒到河粉收缩并卷起就下银芽，银芽下锅后马上就会出水，这些汁水很鲜很甜，河粉炒干以后就会吸收银芽出的水。翻炒一会儿后加鸡精、白糖、生抽、老抽，继续猛火炒匀。一定要一鼓作气不能停留，否则河粉就会粘锅。老抽是甜的，大火炒就有焦糖的味道，所以很香。

然后，下煎好的牛肉。翻炒一会儿之后，临出锅前加韭黄和葱，炒至韭黄半熟就可以了。广东菜有一个说法就是"生葱熟蒜，半命韭黄"，韭黄半熟时是最香的，所以韭黄和葱要最后入锅。

炒好的牛河油润亮泽，香气十足。入口后，牛肉滑嫩，河粉筋道，牛肉的焦香味、河粉的米香味会一起袭来。

干炒牛河

食 材

主料：牛肉 100 克 / 河粉 750 克 / 绿豆芽 25 克 / 韭黄 25 克

调料：小苏打 1 克 / 淀粉 3 克 / 生抽 10 克 / 老抽 15 克 / 鸡精 5 克 / 白糖 3 克 / 葱 25 克

做 法

1. 牛肉洗净，顺着纹理切成片；绿豆芽洗净后去掉头尾备用；韭黄洗净后，只取靠近头的部分切成段；葱洗净后切丝。
2. 在碗里倒入小苏打、淀粉、一半白糖、一半生抽、一半鸡精，搅拌均匀。
3. 步骤 2 的碗中倒入切好的牛肉，加少许清水，搅拌均匀后腌 25 分钟。
4. 锅烧热后倒油，油温 60～70℃时下腌好的牛肉，煎香后将锅里的油和牛肉一起倒出。
5. 原锅烧热，倒入河粉翻炒，炒至河粉收缩打卷时下绿豆芽，翻炒后加老抽以及剩余的鸡精、白糖和生抽，猛火快速炒匀，然后倒入牛肉，翻炒。
6. 倒入韭黄和葱，炒至韭黄半熟时即可关火盛出。

🔪 **大厨美味重点：要注意火候和油量，才能做到"有油却不出油"**

干炒牛河讲究"吃得到油看不到油"，油量的把握尤为关键。油不能多，否则口感过腻；油也不能少，否则容易粘锅。

No.49 沸腾鱼

美食推荐人：罗小兵

"夫妻肺片"非物质文化遗产传承人

供职于成都市饮食公司夫妻肺片北站店

沸腾鱼属于川菜，是香辣味型的鱼类菜肴。上桌的瞬间，热油滚沸、辣椒红亮、鱼肉雪白，给人一种很强烈的视觉冲击。入口后则麻、辣、鲜、香，又给人以强烈的味觉冲击。

随着时代的发展、社会的进步，人们对美食的需求也在不断地提高。现在的年轻人都喜欢吃重麻辣味，沸腾鱼属于新派川菜，是新型的麻辣味。沸腾鱼的精妙之处，就在于"沸腾"二字。将滚烫红亮的热油浇淋在雪白的鱼肉上，鱼肉就像瞬间被点燃一样，发出滋滋的响声，好像要沸腾起来。

上桌的瞬间,热油滚沸、辣椒红亮、鱼肉雪白,给人一种很强烈的视觉冲击。

主料选用草鱼,一般是750克左右的草鱼,这种鱼口感比较细嫩。鱼肉要片成0.2厘米左右的片,太薄就容易碎。腌制时放姜、葱、料酒、胡椒粉、盐等去除异味,再加入蛋清锁住鱼肉的水分,让其口感更加细嫩。

炒制底汤时先炒郫县豆瓣酱,把水分炒干,将香味激出来,然后加入姜和蒜提香,再加入适量水,熬煮。先下带骨的鱼块,然后逐片下鱼片并下调味料,烧开以后再煮十几秒,就可以把鱼肉和汤汁倒在豆芽上面了。鱼肉不能久煮,不能让鱼肉熟透。如果这一步就将鱼肉煮熟,再经后续淋油,鱼肉的口感就不好了。

鱼肉上放花椒和干辣椒,辣椒要选二荆条。油烧到200℃左右,淋到花椒和干辣椒上。花椒和二荆条主要增加香味。花椒与干辣椒的味道在瞬间炝入鱼肉,这种介入方式是很强势的,与直接煮至入味的不一样。这道菜主要体现的就是花椒的清香和干辣椒的煳辣,两种味道相互碰撞,一起袭来,瞬间就能征服你的味蕾。

沸腾鱼

食 材

主料: 草鱼1条 / 黄豆芽适量

调料: 姜15克 / 葱20克 / 蒜15克 / 料酒15克 / 胡椒粉5克 / 盐3克 / 鸡蛋1个 / 淀粉少许 / 郫县豆瓣酱30克 / 醋5克 / 花椒30克 / 干辣椒40克

做 法

1. 草鱼处理干净后去掉头尾,对半剖开,将鱼肉片下,切成0.2厘米厚的片,带肉的鱼骨切段。
2. 葱切段,蒜切碎。姜一部分切片,一部分切碎。干辣椒切段。
3. 将姜片、葱段、盐、蛋清、淀粉倒入盛有鱼肉的容器,加少许料酒、少许胡椒粉,搅拌均匀,腌15分钟左右。
4. 锅里烧水,水开后倒入黄豆芽,焯水后捞出沥干,放入盘中作为垫底菜。
5. 锅里倒油,下郫县豆瓣酱,将水分炒干,再加入姜末和蒜末炒香,然后加入适量清水,熬煮。
6. 先下带骨的鱼块,再逐片地下鱼片,加入醋及剩余的料酒、剩余的胡椒粉。
7. 煮沸后再煮15秒,就可以把鱼肉和汤汁倒入装有豆芽的盆中。
8. 表面撒上花椒和干辣椒。
9. 锅中倒适量油,烧到200℃左右,淋在干辣椒和花椒上。

藏于民间的好味道

缠丝焦饼

No.50

美食推荐人：张贵荣

成都市饮食公司龙抄手总店白案总顾问

　　川菜百菜百味、一菜一格，四川小吃也是一样，一百个品种有一百种味道。缠丝焦饼色泽金黄、皮酥香脆、馅鲜微麻，具有浓郁的四川风味，是成都人记忆中的老味道。

　　焦饼分两种，一种是烫面焦饼，一种是子面焦饼，它们的制作方法是不一样的。用面粉与清水揉合的面团被称为子面。缠丝焦饼用的就是子面。出现在成都《财富》全球论坛上的是缠丝牛肉焦饼，它酥、香、脆，外国嘉宾都赞不绝口。

　　和面时，面粉就只加盐、水，后期擀成面皮之后还会刷油。

盐起增加筋力的作用，盐加水加油，就会让做出来的焦饼特别酥脆。面和好之后，分成小剂子，搓成长条，盖上湿布保湿，静置约半小时。

缠丝焦饼的内馅一般选用精牛肉。把牛肉剁碎之后，加入醪糟、味精、胡椒粉、盐、刀口花椒、姜、葱白，加生菜籽油调和，让牛肉有一种浓郁的香味。

制作这道小吃时，醒好的剂子要擀成牛舌形，然后选择一端下刀，切成流苏状。这样处理会使表皮咬起来口感酥脆。

接下来就该在面皮上刷油了。必须要用菜籽油，传统的做法都是用生菜籽油，这会让做好的焦饼吃起来有一种特别的味道。刷完油后，整个饼要缠起来。煎的时候一般都是中火，煎至表面酥黄就可以了。

缠丝焦饼的特点就是表皮酥脆，馅鲜微麻，有一种家常的味道。一口下去，满口留香，让人爱不释手。

醒好的剂子要擀成牛舌形,然后将一端切成流苏状。还要在面皮上刷油,并把整个饼缠起来,这样煎好之后就很酥脆。

缠丝焦饼

食 材

面皮：面粉 500 克 / 水 100 克 / 盐 4 克

内馅：牛肉 250 克 / 醪糟 20 克 / 味精 5 克 / 刀口花椒 10 克 / 白胡椒粉 2 克 / 盐 2 克 / 姜末 20 克 / 葱白碎 30 克 / 菜籽油 100 克

* 用油说明：需准备菜籽油适量即可。

做 法

❶ 将面粉倒在案板上堆成一堆，中心挖个凹陷，加入水揉成面团。

❷ 加盐，继续揉面。

❸ 揉成表面光滑的面团后，将面团搓成长条，扯成 5 个小剂子，盖上湿布醒面 30 分钟。

❹ 牛肉洗净，剁成肉末，再加入醪糟、味精、白胡椒粉、盐、姜末、刀口花椒、葱白碎，倒入菜籽油，搅拌均匀。

❺ 醒好的面团揉匀，压扁后擀成牛舌形，选择一端下刀，切成流苏状，然后把面皮平铺在案板上刷菜籽油（配方分量外）。

❻ 在面皮上没切条的一端放上调好的肉馅，卷起来，切成条的流苏缠住整个饼。

❼ 按扁，制成圆形饼坯。

❽ 锅中多倒些油，烧至四成热，下入饼坯，中火慢炸 15 分钟，待饼焦黄酥脆时捞出沥油即可。

No.51 柏合豆腐皮

美食推荐人：廖玉林
成都柏合镇范家豆腐皮老板

柏合就是成都周边的一个普通小镇，但只要一提起柏合，大家都知道柏合的特色就是豆腐皮。柏合豆腐皮这道菜是独一无二的，其他地方的豆腐皮和柏合的做法都有很大的区别。

很多柏合人从小就知道这道菜。在柏合镇，有一家做豆腐皮很有名的老字号饭店，创始人姓范，所以饭店取名"范家豆腐皮"。这家店从1982年就有了，一直深受乡邻喜爱。现在，交通发达了，外来人口多了，生意也越发火爆了。这道菜端上桌，乍一看你会以为是一道凉菜，因为半点水蒸气也看不到，但事实上它比开水还烫。有些食客不好意思吐出来，就包在嘴巴里烫着，有的甚至把口腔两侧都烫脱皮了。

这道菜端上桌,乍一看你会以为是一道凉菜,因为半点水蒸气都没有。

这道菜的原料是很常见的一种食材——豆腐皮。好的豆腐皮有弹性有张力,而品质差的一拉就断。对很多菜来说,只要原材料够好,就成功一多半了。可是做这道菜,只是原材料好还不够,还要刀功够好,豆腐皮切丝要切得粗细一致。豆腐皮丝越细,口感越柔和,入口就能化渣。1毫米左右粗细是最标准的,缝衣服的针可以穿10根豆腐皮丝。

切好的豆腐皮需要放入锅中汆水,煮几分钟,去除豆腥味和杂质,然后捞出。再连过几次冷水,让豆腐丝的温度降至与冷水温度相同。

主料处理好了,就该做汤汁了。这道菜常见的就两种味道:原味和麻辣味。下油炒肉臊,然后下郫县豆瓣酱和蒜末,炒香之后下豆豉和少量辣椒面,再倒入骨头汤,放入豆腐皮丝、蒜苗。一遇高温,豆腐皮会变软,然后就可以勾芡了。按照此法做出的是麻辣味的,若想吃原味的就不要郫县豆瓣酱、豆豉、蒜苗,换用香菇、番茄、香葱。

由于豆腐皮质地较紧，不易入味，它的味道全源自芡汁。所以勾芡是很关键的，它对成菜味道的影响非常大。芡汁的用量不是固定的，与火力大小、水量多少都有关系，每一次做这道菜芡汁用量都可能发生变化。勾芡后，待芡汁和油融合并搅拌均匀，豆腐皮自然就会膨胀，胀到一定程度，就可以起锅了。

芡勾得好的话，豆腐皮吃完汤汁也吃完了，碗里不会留汤，只会剩薄薄一层油。若是芡勾得不好，那么豆腐皮吃完了还会剩半碗汤，全是水。

一二十年前，柏合卖豆腐皮的只有范家豆腐皮这一家，现如今卖豆腐皮的饭店很多。如果有机会来到柏合，一定要尝尝这道菜。不过要注意，这道菜有点儿烫，因为它是用油把水蒸气盖在下面了。你虽然看不到水蒸气，但如果贸然入口的话，有可能把你的嘴巴烫脱皮哦。

豆腐皮丝越细,口感越柔和,入口就能化渣。

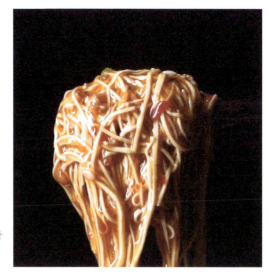

芡勾得好的话,芡汁全部裹在豆腐皮上。

No.52 钵钵鸡

美食推荐人：四妹
成都市四妹钵钵鸡店主

说起四川美食，你最熟悉的或许是火锅、串串、麻辣烫，但是土生土长的四川人往往会告诉你，没吃过钵钵鸡，四川就算白来了。钵钵鸡是四川传统名小吃，起源于乐山，麻辣鲜香，深受人们喜爱。

在成都有一家专卖钵钵鸡的小店，店面虽然不大，但每天能卖上万串，食客常常要排队才能吃到。这家店的店主在家排行老四，大家都叫她四妹，这家店因而取名"四妹钵钵鸡"。四妹的钵钵鸡，在成都不说数一也要数二。

钵钵鸡是道冷吃菜，是将事先煮至八分熟的食材晾凉后串成串，放入盛有调料的钵钵中浸泡后做成的，风味极佳。最初，钵

钵钵鸡只是将去骨的鸡肉切片，串成串。经过演变，现在的钵钵鸡不只有鸡肉串，还有鸡胗、毛肚、木耳、藕片等，食材十分丰富。

要做好钵钵鸡，汤料和红油都是很重要的，钵钵鸡的精华都在这里头了。四妹钵钵鸡的红油用了4种干辣椒，每种辣椒的用途都不一样：一种负责颜色，一种负责香味，一种负责辣味，一种负责综合的味道。干辣椒要炒。四妹炒辣椒的时候看一眼就知道油温达到了多少，这是长期实践练就的绝活。

炒过的干辣椒要舂一下，舂过之后辣椒的辣和香不会消失。一定要手工舂捣，四妹钵钵鸡用的干辣椒都是手工舂捣的。制作红油时，要先放入香料，炸一会儿后捞出，再放入舂捣好的干辣椒，保证做出的调料有复合香味，香中带辣，醇厚绵长。红油好了就加芝麻，加完芝麻后再加高汤，这样底料就做好了。

四妹钵钵鸡每天能卖出上万串,所以即使这家店的穿串工人都是具有十多年经验的熟手,却仍然需要每天从早忙到晚。

四妹钵钵鸡最初是在一个巷子里卖,摆个地摊儿放个盆,到天热的时候巷子里到处都摆满了,就容纳不了这么多客人了,于是就搬进店面,后来十多年一直都在这个店址。有很多客人还是孩子的时候就在四妹的店里吃,现在做父母了,还会带自己的孩子来吃,这也算是一种对饮食文化的传承了。

现在的钵钵鸡不只有鸡肉串,还有鸡胗、毛肚、木耳、藕片等,食材十分丰富。

No.53 川北热凉粉

美食推荐人：刘俊良
川味传承工作室创始人

川北热凉粉是代表绵阳地方特色的美食，贴合每一位食客，家家户户都喜欢做这道菜。

凉粉作为食材历史悠久，早在北宋时期，古都汴梁就有关于凉粉的记载了。全国各地的凉粉各具风味和特色，大多数地区的凉粉都是冷吃的，很爽口。但是你知道吗？有一道菜名为凉粉，却是热吃的，这就是川北热凉粉。

凉粉需要用红薯淀粉自制，清水和红薯淀粉的比例为1∶4。首先向红薯淀粉里加一些盐，然后将总水量一半的水倒入盛红薯淀粉的容器，用手搅拌，让淀粉与清水混合均匀，制成淀粉糊。

川北热凉粉有红有绿，颜色非常漂亮。

将剩余的水倒入锅中，加热到约 65℃的时候用漏勺均匀地将调好的淀粉糊倒入。边倒边用木棒在锅中顺一个方向均匀搅动，搅凉粉一定不能用铁器，否则就很有可能把锅巴或其他杂质刮进淀粉糊，从而导致凉粉口感不好。搅动时一定要顺着一个方向，直到凉粉黑得发亮且不粘锅时，才可起锅。搅好之后你会感觉凉粉很糯、很有弹性，捏一下再松开它还会恢复原样，十分神奇。

接下来，选一个容器，把搅好的凉粉倒入，让它自然摊平。冷却后的凉粉切成小块，再用冷水泡一下，这样就不会粘在一起了。然后，再将切好的凉粉放入加有盐和老抽的水中煮透，捞出沥水。

要让凉粉自然冷却，不要放进冰箱里冷冻，那样会影响口感，凉粉也不会晶莹剔透。自制的凉粉只能当天做当天用，否则口感会大打折扣。

做凉粉的步骤。

川北热凉粉另一个重要的食材就是肉臊了。我们选用猪的肩胛肉，用刀剁碎，放入油锅，小火慢慢炒散，加酱油，炒到肉末出油之后就把多余的油倒掉，这样炒出的肉臊就是口感酥香的脆臊。酱油在这里起提色增香的作用，让成品带有酱香味。

凉粉和肉臊都准备好之后，就要烧制凉粉了。锅中先要放油，下泡辣椒、郫县豆瓣酱、姜、蒜、豆豉、辣椒面，炒好之后加高汤。如果没有高汤加清水也可以，高汤或水应该刚刚没到凉粉的三分之二。加热到液体沸腾后下凉粉并加盐、味精等调味，小火慢慢收汁，在收汁的过程中味道会全部进入凉粉。起锅前放芹菜碎、一半的蒜苗碎。

这道菜的装盘步骤也是有讲究的。先取一个可保温的容器，将其烧热，抹上少许油，再把烧好的凉粉倒进去，你会听到滋滋滋的响声，这个时候我们再来放肉臊。肉臊不能提前放，提前放的话就不脆了。最后，再撒另一半蒜苗碎，有红有绿，色彩鲜艳。

凉粉出锅后一定要趁热吃。一入口，你就会感觉到又糯又滑，满口滋味，妙不可言。

川北热凉粉

食 材

主料：红薯淀粉 500 克 / 水 2000 克 / 猪肉 100 克

调料：酱油适量 / 盐适量 / 泡辣椒末 25 克 / 郫县豆瓣酱 25 克 / 姜末 25 克 / 蒜末 30 克 / 永川豆豉 5 克 / 辣椒面 10～15 克 / 高汤 100 克 / 芹菜碎 15 克 / 蒜苗碎 20 克 / 味精适量 / 鸡精适量 / 白糖适量

* 用油说明：需准备 100 克菜籽油和 50 克猪油。

做 法

❶ 红薯淀粉中加 1～2 克盐，再倒入 1000 克清水，将淀粉与清水搅拌均匀备用。

❷ 再取 1000 克清水倒入锅中，加热至 65℃左右，用木棒顺一个方向搅动，边搅动边均匀地倒入步骤 1 的淀粉糊，有条件的可以将淀粉糊过滤一下。

❸ 保持中小火，顺着一个方向搅动，至凉粉发黑发亮、有劲道且不太粘锅时起锅。

❹ 将做好的凉粉倒入容器内，待自然冷却且定形后切成 3 厘米见方的块备用。

❺ 锅内烧水，放入少许盐和酱油，将凉粉块倒入锅中，煮熟后捞出，沥水待用。

❻ 猪肉剁碎，放入油锅，小火慢慢炒香，加少许酱油提色，继续炒至肉吐油、变酥脆时倒出，沥油备用。

❼ 锅内放入 100 克菜籽油和 50 克猪油，下泡辣椒末、郫县豆瓣酱炒香，放入姜末、蒜末，继续炒香。

❽ 下豆豉、辣椒面炒香，加入高汤，煮沸。

❾ 放入凉粉烧制，加盐、味精、鸡精、白糖，调味。

❿ 中火收汁亮油，撒上芹菜碎和一半的蒜苗碎，起锅。

⓫ 取一石锅烧烫，抹上少许油，将烧好的凉粉倒入石锅。

⓬ 撒上炒好的肉臊和剩余的蒜苗碎。

🥄 大厨美味重点：选用可加热器皿

此菜一定要趁热食用，效果最好。所以，最好选用可加热器皿，并在盛装凉粉之前先将器皿加热。

美食推荐人：甘大姐
成都市甘记肥肠粉老板

No.54 肥肠粉

肥肠粉应该算是成都的传统美食了，解放前就有。现在，在成都，人们一吃肥肠粉就会想起马鞍北路的甘记肥肠粉。

甘记肥肠粉店从 1990 年到现在一直没换地方，算下来差不多 30 年了。吃肥肠粉不分地位、不分男女老少，开宝马的也来吃，推车抬轿的也来吃，有的搬家离得远了，只要想吃这里的肥肠粉了还会乘车来。由于时代的发展，很多经过改良的东西吃不到原始风味了，而这家店的味道却一直没有改变。这家店生意这么好，很多顾客都认为一定有什么秘方，其实真的没用什么特殊原料。甘记肥肠粉之所以这么火爆，仅仅是因为他们从开张到现在只用真材实料。

煮好的肥肠粉端上来晶莹剔透，用筷子一挑香味就出来了。

肥肠粉对粉的要求是很严格的。甘记肥肠粉从不外购成品红薯粉，而是始终坚持纯手工制粉。制作红薯粉，先要在盆里调芡浆。芡浆稠度有讲究，芡过稠的话粉就会重。调芡浆时一定要掌握湿度，要搅透搅熟，调好的芡浆质感很柔和。

芡浆调好之后，就该制粉了。我们需要把搅好的芡浆装入带孔的铜瓢，然后一手拿铜瓢，一手捶打芡浆，让芡浆从瓢上的孔洞中流出，形成线条，落入锅中，锅中的沸水会很快把粉条烫熟，然后就可以将粉条捞出了，这个环节被称为下粉。下粉有很多讲究，首先工具很讲究，铜瓢孔洞边缘的齿要少，制出的粉条才光滑细腻。其次，捶打芡浆的动作也有讲究，拿铜瓢的手要端平，捶打时用力要均匀。

下粉是体力活，这可不是一般人能干得了的。瓢里装的芡浆非常黏稠，类似淀粉团，要不断用力捶打，芡浆才会从孔中流出。一手拿瓢，一手捶打，可是需要很大力气的。同时，下粉更是技术活，因为捶打芡浆要用力均匀，这样粉条才会粗细均匀。如果用力不均，做好的粉条就会一段粗一段细，质检时就过不了关了。

粉条入锅后要煮熟，一定要煮到发亮，然后再捞到冷水锅中，让其冷却，以免互相粘黏。

既然是肥肠粉，那聊完粉条后，怎么能不谈谈肥肠呢？肥肠首先要洗净并汆水去腥，而后才能入锅煮。煮时要清水煮，不加香料，保证原汁原味。煮肥肠的汤要留着，那个就是原汤，用它煮出来的粉条会柔软一些。

煮好的肥肠粉端上来晶莹剔透，用筷子一挑香味就扑鼻而来。第一口你还尝不出味道，第二口细嚼慢品就会感觉确实不错，越到后面越香，让人欲罢不能。

一手拿铜瓢，一手捶打芡浆，让芡浆从瓢上的孔洞中流出，形成线条落入锅中。

No.55 苦笋烧乌鸡

美食推荐人：金院生
眉山市洪雅县德元楼厨师长

在洪雅，苦笋很出名。这种笋虽名为苦笋，但吃起来其实回味甘甜。苦笋只有洪雅才有，每年四五月份大量上市。每到这时，洪雅的菜市场、马路边，随处可见卖苦笋的商贩。当地人想尽各种让苦笋入菜的方法，其中最美味的莫过于苦笋烧乌鸡了。

苦笋烧乌鸡，洪雅家家户户都会做。洪雅瓦屋山的苦笋大概有十多万亩。挖苦笋一般都在早上，带有露水的笋较鲜嫩。苦笋刚采摘出来之后，先闻一闻，再尝一尝。若是闻到一股清香味，尝到一股甘甜的香味就说明这个笋够嫩。苦笋生长不规律、分布不均匀，它就是纯野生的。其生长期大概就是 45 天，因此它是一个季节性很强的菜。

苦笋清脆甘甜，乌鸡香嫩，地道的食材加上简单的烹饪方法，就是一道地道的美味。

要想做出好吃的菜，食材就一定要选好。这道菜的另一主料要选散养的乌鸡，而且要选乌鸡身上最好的部位——鸡翅和鸡腿。肉切成小块之后要放入锅中汆水，去血除腥。

汆水后的鸡块需要下油锅爆炒。洪雅当地的主妇们做这道菜的时候都用猪油爆炒，用猪油炒菜香味更浓。鸡块入锅后，放入几瓣大蒜，爆香后再放入苦笋，加入高汤，用小火慢慢煨，让鸡肉的香味融入苦笋，苦笋的甘甜融入鸡肉。然后，再放入青椒，增加清香味。

最后起锅的时候放一点点盐调味，一道家常美味就做好了。苦笋清脆甘甜，乌鸡香嫩，地道的食材加上简单的烹饪方法，就是一道地道的美味。

苦笋烧乌鸡

食 材

主料：苦笋 750 克／乌鸡 500 克／青椒 20 克

调料：蒜 50 克／盐 3 克／高汤 300 克

* 鸡肉建议选鸡翅、鸡腿等肉质较嫩的部位。

* 用油说明：需准备猪油，适量即可。

做 法

❶ 新鲜苦笋去皮洗净，切成滚刀块备用。

❷ 乌鸡肉洗净，切成小块。

❸ 锅中烧水，将切好的鸡块放入锅中汆 5 分钟，去血水后捞出备用。

❹ 锅里放入适量猪油，烧至七成热时倒入汆好的鸡块，再放入拍松的蒜瓣，爆香。

❺ 将切好的苦笋倒入锅中，加高汤直至没过鸡块，小火慢煨。

❻ 锅中加入青椒。

❼ 起锅前加盐即可。

冒菜

No.56

美食推荐人：曾 毅
成都市冒牌火锅菜创始人

冒菜是起源于成都的街边美食，很多人都说它是一个人的火锅，既有火锅的麻辣鲜香，又有快餐的方便快捷。

成都是一个旅游城市，很多来成都的外地人经常会问什么是冒菜，成都人则戏称："冒菜就是冒牌的火锅菜。"其实，冒菜的"冒"字指的是一种烹饪方式，即将食材放到特制的漏勺中，入热水或热汤烫熟。冒菜有火锅的味道，其食材也是荤素搭配，多种多样，同时又比火锅方便快捷。

制作冒菜，底料很关键。炒制冒菜底料是很有讲究的，把炒火锅料的方法和原料照搬过来是行不通的。首先，干辣椒要选大

冒菜有火锅的味道,其食材也是荤素搭配,多种多样,同时又比火锅更方便快捷。

小适中、香味大于辣味的。冒菜跟火锅不一样,不需要辣度特别强的干辣椒,做得太辣就不适合当作快餐下饭了。

干辣椒要先放进锅里煮,让干辣椒充分吸水。煮好以后要舂成糍粑辣椒,用手工舂捣的干辣椒炒制出的底料要比用机器打碎的干辣椒炒制的底料香得多。糍粑辣椒主要用来提色和增加辣度。除了辣椒之外,炒冒菜底料还有个调料很关键,就是辣豆瓣酱。辣豆瓣酱的量一定要加够,而且要选用发酵时间在一年半以上的特级豆瓣酱,这样炒出来的底料才够醇香。除了辣椒和辣豆瓣酱,炒制底料还要加香料。炒冒菜最适合的香料是青花椒,青花椒的麻香味与冒菜很搭。冒菜底料炒好以后需要加盖放置1天再使用,这样味道会更醇厚。

炒好的底料放入煮冒菜的锅,调味之后,就可以将食材放入锅中冒了。每样食材冒的时间是不一样的,牛肉就要冒出它的嫩,毛肚就要冒出它的脆。

冒菜有两种味型：火锅味和鲜椒味。火锅味的不是特别辣，稍微偏香辣，而鲜椒味的就会稍微辣一点。鲜椒味型需要调制鲜椒酱，方法很简单，只需将青椒、红辣椒、蒜、泡辣椒、蚝油、藤椒油混合拌匀，静置 10 分钟即可。藤椒油一定要加，它能增加鲜椒酱的风味。

冒菜包含着很浓的成都美食文化元素。冒牌火锅菜开了十多年，知道它的人越来越多，在店里经常能看见拉着旅行箱的外地人、坐着公交车来吃的老成都人。现在全国很多城市也都有了冒牌火锅菜。美食就是一件很简单的事情，不在乎店面大小，只要东西好吃，对食客来说就是享受。

No.57 绵阳米粉

美食推荐人：陈 华
绵阳市富临大都会酒店行政总厨

绵阳人的一天是从一碗米粉开始的。绵阳的大街小巷到处都是排队等候吃米粉的景象，没有板凳坐的就站着或蹲着。在绵阳，很多人的父辈从小就在吃米粉，到如今自己也吃米粉，有了孩子，还会带孩子吃米粉，米粉已经深入绵阳人的骨髓，成为他们生活的一部分。

在我国，整个南方都有米粉，但四川绵阳的米粉独具特色。首先，绵阳米粉是细米粉，以细软为主。其次，绵阳米粉的炒料也很讲究。绵阳的各家米粉店在炒料时都要用一种名为红酱的酱料，这个红酱是绵阳特有的。绵阳本地有个刘营镇，生产的红酱别具一格，只有用这种酱才能做出汤色红亮、味道正宗的绵阳米粉。

一定要用刘营镇产的红酱,才能做出汤色红亮、味道正宗的绵阳米粉。

制作炒料时,要先用温热的菜籽油将姜、葱、洋葱炒香,提升油的香味,炒至金黄干瘪的葱、姜、洋葱要捞出丢弃。然后,油锅中下牛油增香,菜籽油与牛油的比例是4∶1,牛油全部熔化后依次放入红酱、郫县豆瓣酱和泡过水的干辣椒。注意,这里我们是先放水分重的,因为它不容易炒熟炒透。干辣椒一定要提前泡水,这样炒的时间可以很长而不容易炒煳,而且泡过水之后的辣椒就没有那么燥辣了。

辣椒颜色变为淡红时放白砂糖,关火。关火之后再下香料粉,最后放十三香,搅匀就可以了。香料粉中包括豆蔻、八角、桂皮、香叶、山奈、小茴香,这里面的木本香料多,能持久增香;十三香中的草本香料多,能快速增香。香料粉和十三香互补,香味明显且持久。

下面,再说说臊子。绵阳人喜欢吃肥肠和牛肉两种臊子。制作牛肉臊子要选用肋条肉，这种肉肥瘦均匀，口感也比较好。切好的牛肉要下油锅，把水分炸干，这样香味会更加突出。然后，把炒好的底料和高汤混合，加姜、葱以及香菜茎，再把牛肉放进去，炖 50 分钟，臊子就做好了。

接下来，只需把米粉煮好就大功告成了。煮米粉时要先用大火把锅中水烧开，然后调为文火，使水不沸腾，此时再让米粉下锅，并快速捞起。注意，煮米粉的节奏一定要快，米粉只能烫一下，然后就捞出装碗。接着把炖牛肉的汤汁浇在米粉上，再放上臊子，绵阳米粉就做好了。

绵阳米粉口感软糯，而正因为它细软，所以很容易入味。入口之后，每一根米粉都是满满的香味和鲜味，配上牛肉臊子，简直满口生香。

绵阳米粉

食 材

主料：米粉适量 / 牛腩 375 克

调料：干辣椒 25 克 / 洋葱适量 / 葱适量 / 姜适量 / 香菜适量 / 八角 4 克 / 桂皮 4 克 / 豆蔻 1.25 克 / 山柰 4 克 / 小茴香 4 克 / 香叶 2 克 / 红酱 375 克 / 郫县豆瓣酱 250 克 / 白砂糖 37 克 / 高汤适量 / 十三香适量。

* 用油说明：需准备 900 克菜籽油和 225 克牛油。

做 法

❶ 牛腩洗净后切成 4 厘米见方的丁。姜切片；部分葱切段，部分葱切碎；洋葱切碎；干辣椒用水浸泡。

❷ 香菜茎切下备用，香菜叶切碎。

❸ 将八角、桂皮、豆蔻、山柰、小茴香、香叶放入搅拌机打碎，做成香料粉。

❹ 锅里倒入 900 克菜籽油，烧至 260℃后关火，待油温降至 200℃时放入切好的姜片、葱段和洋葱碎，中小火炸至金黄干瘪，然后全部沥油捞出。

❺ 步骤 4 的锅中下 225 克牛油，牛油熔化后放入红酱，炒 2~3 分钟后加入郫县豆瓣酱和泡过水的干辣椒。

❻ 炒至干辣椒变为淡红色时，放入白砂糖，炒匀后关火。

❼ 加入步骤 3 制好的香料粉，搅拌均匀。

❽ 加十三香，搅拌均匀，底料就制好了。

❾ 另取一锅，倒适量油，油热后下牛肉，炸 5 分钟左右捞起，沥油备用。

❿ 取一砂锅，放入炒制好的底料，倒入高汤，小火烧开后放入牛肉块以及适量姜片、葱段、香菜茎，炖 50 分钟。

⓫ 另取一锅，倒入水加热，水烧开后转小火，不使水沸腾。

⓬ 将米粉放入，烫煮 2 秒左右，然后迅速捞起放入碗内。

⓭ 将炖牛肉的汤倒入装米粉的碗里，再放入煮好的牛肉，撒上适量葱花、香菜叶碎。

No.58 酥肉

美食推荐人：曾才东
四川省蜀芸食品有限公司董事长

提到酥肉，吃货们都很熟悉。过去，只有逢年过节才吃得到，现在生活条件好了，酥肉也比较常见了，不过以前眼巴巴地盼着过年吃酥肉的那种心情还是忘不了。

做酥肉也有很多讲究，第一位的就是选料。做酥肉用的肉必须选用五花肉，肥瘦相连，吃起来口感才好；芡粉必须用红薯淀粉，口感滑润且香。

五花肉需要改刀，切成1厘米厚、3厘米宽、6厘米长的条。切好之后加姜、葱、盐、料酒，腌10分钟，至入味。

炸好的酥肉外酥内嫩。

做酥肉,芡粉很重要。芡粉和肉的比例是1:1。红薯淀粉放入盆中,打入鸡蛋,搅至面糊黏稠后加入适量花椒、盐、鸡精,再次搅匀,然后把肉放进去,让肉裹上面糊。

锅里倒入纯菜籽油,油温120℃时将裹了面糊的肉放入,炸至六成熟捞出。这一次炸主要是为了定形。油温高了,肉就焦了;油温低了,肉就脱浆了。

接下来,油锅继续加热,油温提至约180℃时再次将肉放入油中,炸至表皮金黄就好了。

炸好的酥肉外酥内嫩。酥肉用途很广,可以蘸辣椒面或番茄酱直接吃,可以煮汤,可以做烩菜。年轻人吃火锅的时候也喜欢点酥肉,可谓百吃不厌。

酥肉

食 材

主料：五花肉 800 克

调料：红薯淀粉 800 克 / 鸡蛋 6 个 / 花椒 16 克 / 盐 10 克 / 鸡精 5 克 / 料酒 20 克 / 姜 30 克 / 葱 25 克

* 用油说明：需准备菜籽油，适量即可。

做 法

❶ 五花肉洗净后，先去皮，再改刀，切成 1 厘米厚、6 厘米长、3 厘米宽的条，装盘备用。

❷ 姜切片，葱切段。

❸ 把切好的姜、葱倒入装五花肉的碗里，加料酒，放入少许盐，腌 10 分钟。

❹ 准备好的 6 个鸡蛋打入碗中，搅匀。

❺ 把红薯淀粉倒入碗中，加水搅成面糊。

❻ 碗里加入花椒、鸡精以及剩余的盐，再次拌匀。

❼ 将腌制好的五花肉倒入面糊中，直至每片五花肉都均匀裹上面糊。

❽ 锅中倒菜籽油，油温达到 120℃时，把裹满面糊的五花肉一片片地放入油锅，炸至六成熟时捞出。

❾ 继续加热，油温升至 180℃时，把肉再次放入油锅，炸至酥肉变为金黄时沥油捞出。

No.59 湖南米粉

美食推荐人：李 军
长沙市百家味米粉店老板

米粉是长沙人必备的早点，长沙人的一天就是从一碗米粉开始的。长沙的早点有很多，米粉销量就占了早餐份额的百分之八十还多。在长沙，有家传承三代的米粉老店——百家味米粉。

百家味米粉三代传承，祖父辈开始经营米粉生意时是用扁担挑着米粉卖，到父辈的时候就开始开店了。这么多年来，这家店的人气一直很旺，每天早上7点左右就有人排队，一直持续到10点。店主忙得都没时间收钱，都是食客自己向钱箱里投钱，并自己找零。

成菜后的米粉,大片牛肉盖着,香味扑鼻。

湖南米粉主要有3个要素:底汤、配菜、米粉。熬底汤主要用猪棒骨、老母鸡、五花肉,先要冷水下锅焯水。老长沙粉讲究清汤的原汁原味,所以水烧开以后要撇净浮沫,焯水之后要用冷水冲洗一遍,再放入汤锅。然后,取少许甘草、豆豉,用汤料包包起来,放入汤锅与肉一起熬煮。大火烧开后改文火,熬10小时,底汤就熬好了。一定要保证底汤的原汁原味,熬好的汤应该像一瓢清水一样无任何杂质,只有一点金黄的颜色。

长沙人将米粉的配菜称为码子。百家味米粉的牛肉码子是用牛腱子肉做成的。肉同样冷水下锅,焯水,撇去浮沫之后煮熟、定形、捞起,晾至完全冷却后切成大片。煮牛肉的原汤要保留,不要倒掉。牛肉切好之后还放回原汤里,再加入桂皮、草果、白蔻、姜、老抽、自己炒制的糖色,大火烧开,转文火煨1小时,牛肉码子就大功告成了。

下面，再来谈谈米粉。米粉是主角，它的品质自然非常重要。百家味米粉店使用的米粉是全手工粉，一刀刀地切出来，有宽的，有窄的，下锅后大概 1 分钟就煮好了。

碗中先盛入一些刚刚熬制的原汤，再放入煮好的米粉，然后再把码子盖在上面，真正地道的长沙牛肉粉就大功告成了。一碗好粉吃起来应该是有弹性、有韧性的。

成菜后的米粉，大片牛肉盖着，香味扑鼻。长沙人吃粉必须配上各式各样的小菜，百家味最独特的小菜就是拌青椒，既爽口又够味。

酱油炒饭

No.60

美食推荐人：童逊

中式烹调高级技师
中国烹饪大师
亚洲美食文化推广大使

酱油炒饭，大家都很熟悉，是很经典的炒饭，其口味咸香，又能饱腹，上手也很简单。

酱油炒饭是能勾起儿时回忆的美味。很多人在孩提时代最常吃的叫油油饭，它是用猪油和酱油炒制而成的，吃起来香甜可口而且回味无穷。准确来讲，这道美食应该叫猪油炒饭，因为它主要用到猪网油，再辅以酱油的酱香和鸡蛋的香味。

酱油炒饭虽说做法简单，但其实也有很多讲究。第一，要让蛋清和蛋黄分离。做酱油炒饭只使用蛋黄不使用蛋清。一般的比例是2个蛋黄配1.2斤熟米饭，如果蛋黄太多，米饭就会发干。

成功的酱油炒饭应该吃得到油却看不到油。

第二,最好选用糯性不强的米。合格的酱油炒饭,炒的时候米粒应该会一粒粒地在锅里跳动,糯性强的米就达不到这个效果。第三,要选用猪网油来炒饭。猪网油是靠近猪肠位置的油脂,口感比猪板油更好。

制作时,先让蛋黄与米饭混合并拌匀。猪网油入锅炒香后,将拌好的米饭放入锅中,不断翻炒,让米粒一颗一颗地分开。等到锅里有米粒跳动的时候,就可以加盐了。把盐炒匀之后就加酱油。如果想吃鲜味足、颜色淡的炒饭,就改用生抽;如果想吃颜色深、酱味足的炒饭就改用老抽。用上述方法炒,可以使用现蒸的米饭。只要不是蒸得太软,都可以炒出粒粒分明的炒饭。

成功的酱油炒饭应该吃得到油却看不到油。盛一勺米饭入口,你会先感受到猪油的脂香,紧接着是回口的浓郁酱香味,趁热吃比较绵软,稍冷点就比较有弹性。炒饭在你的舌尖跳动、粒粒喷香,让你不知不觉间就吃得一干二净。

酱油炒饭

食 材
主料：熟米饭 500 克／鸡蛋 1 个

调料：盐 5 克／酱油 10 克／葱花 10 克

* 用油说明：需准备 40 克猪网油。

做 法

❶ 蛋清和蛋黄分离。

❷ 蛋黄与米饭混合，抓拌均匀。

❸ 取 40 克猪网油，放入锅中炒香，加入米饭，翻炒。

❹ 炒至米粒颗颗分开，锅里有米粒跳动时加盐。

❺ 将盐炒匀后加酱油，再次炒匀。

❻ 加入葱花即可起锅装盘。

🥄 大厨美味重点：用料决定成败

第一，最好选用糯性不强的米，糯性很强的米不容易炒出粒粒分明的效果。第二，要选用猪网油。猪网油是靠近猪肠位置的一块油脂，口感比猪板油好。如果想吃鲜味足、颜色淡的炒饭就改用生抽；如果想吃颜色深、酱味足的炒饭就改用老抽。

图书在版编目（CIP）数据

大师的菜　家常的味／《大师的菜》栏目组著．—北京：北京科学技术出版社，2019.11（2019.12重印）
ISBN 978-7-5714-0394-2

Ⅰ.①大… Ⅱ.①大… Ⅲ.①菜谱－中国 Ⅳ.①TS972.182

中国版本图书馆CIP数据核字（2019）第137826号

大师的菜　家常的味

作　　者：	《大师的菜》栏目组
策划编辑：	宋　晶
责任编辑：	林炳青　宋增艺
图文制作：	天露霖文化
责任印制：	张　良
出 版 人：	曾庆宇
出版发行：	北京科学技术出版社
社　　址：	北京西直门南大街16号
邮政编码：	100035
电话传真：	0086-10-66135495（总编室）
	0086-10-66113227（发行部）
	0086-10-66161952（发行部传真）
电子信箱：	bjkj@bjkjpress.com
网　　址：	www.bkydw.cn
经　　销：	新华书店
印　　刷：	北京宝隆世纪印刷有限公司
开　　本：	880mm×1230mm　1/32
印　　张：	7.5
版　　次：	2019年11月第1版
印　　次：	2019年12月第2次印刷
ISBN 978-7-5714-0394-2／T · 1024	
定　　价：	68.00元

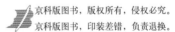

京科版图书，版权所有，侵权必究。
京科版图书，印装差错，负责退换。